京都環境学

【宗教性とエコロジー】

【編】早稲田環境塾（代表・原剛）

叢書■文化としての「環境日本学」

藤原書店

はしがき——形あるものを失って

早稲田環境塾塾長
原　剛

❖蘇る宮沢賢治

形あるものが全て消え失せ、瓦礫と化した東日本大震災の被災地。釜石、気仙沼、石巻で在りし日の街の残がい、住居の壁や家具の扉などに宮沢賢治の「雨ニモマケズ」の詩が稀には整然と、多くは荒々しくなぐり書きされていた。壊滅した街を海に向かって一望に収める石巻市の日和山《ひよりやま》公園の片隅には、段ボールを長方形につなぎ合わせて「雨ニモマケズ」の全文が黒い楷書文字で記されてあった。

賢治は、死者、行方不明者約二万二千人を記録した一八九六（明治二十九）年の「明治三陸地震」（マグニチュード八・二）の二カ月後に生まれた。そして世を去る半年前の一九三三（昭和八）年三月三日、約三千人の犠牲者を伴った「昭和三陸地震」（マグニチュード八・一）が起きた。二つの三陸大地震の間を生きた賢治は、津波の再来を予見していたのだろうか、三・一一大地震、大津波の廃墟を太平洋へ向かって見下ろす、日向山公園にある賢治の碑に「われらひとしく丘にたち」の詩が刻まれている。

われらひとしく丘にたち
青黒くしてぶちうてる
あやしきもののひろがりを
東はてなくのぞみけり
そは巨《おお》いなる鹽《しお》の水
海とはおのもさとれども
傳《つた》へてききしそのものと
あまりにたがふここちして
ただうつつなるうすれ日に
そのわだつみの潮騒の
うろこの國の波がしら
きほひ寄するをのぞみゐたりき　（ルビは引用者）

賢治は一九一二（明治四十五）年五月二十七日、中学校四年の修学旅行の折に北上川を川蒸気で下り、日和山から生まれて初めて海を見て強い感動を受け、その折の印象を詠んだ。

宮沢賢治の詩文は、故郷花巻市内で一七カ所、岩手県内では一九カ所の石碑に刻まれている。岩手の人々が賢治の心をわが心として親しみ、仰ぎみていることがうかがえる。

❖「雨ニモマケズ」と法華経

宮沢賢治は土壌学、肥料化学の専門科学者、技術者であった。同時に、父親譲りの信仰心の篤い法華教徒でもあった。科学と宗教が同一人に体現された人格をはぐくみ、「みんなのほんとうのさいわい」を求めてイーハトーブに到る。その願望を込めた詩「雨ニモマケズ」が、この緊急時に人々の心の拠り所となっている社会現象を、私たちはどのように理解したらよいだろうか。

「雨ニモマケズ」の構成の背景にあるものを、詩の一節から考えたい。

雨にもまけず
風にもまけず
雪にも夏の暑さにもまけぬ
丈夫なからだをもち
欲はなく
決して怒らず
いつもしずかにわらっている
一日に玄米四合と
味噌と少しの野菜をたべ
あらゆることを
じぶんをかんじょうにいれず
よくみききしわかり
そしてわすれず
野原の松の林の陰の
小さな萱ぶきの小屋にいて
東に病気のこどもあれば

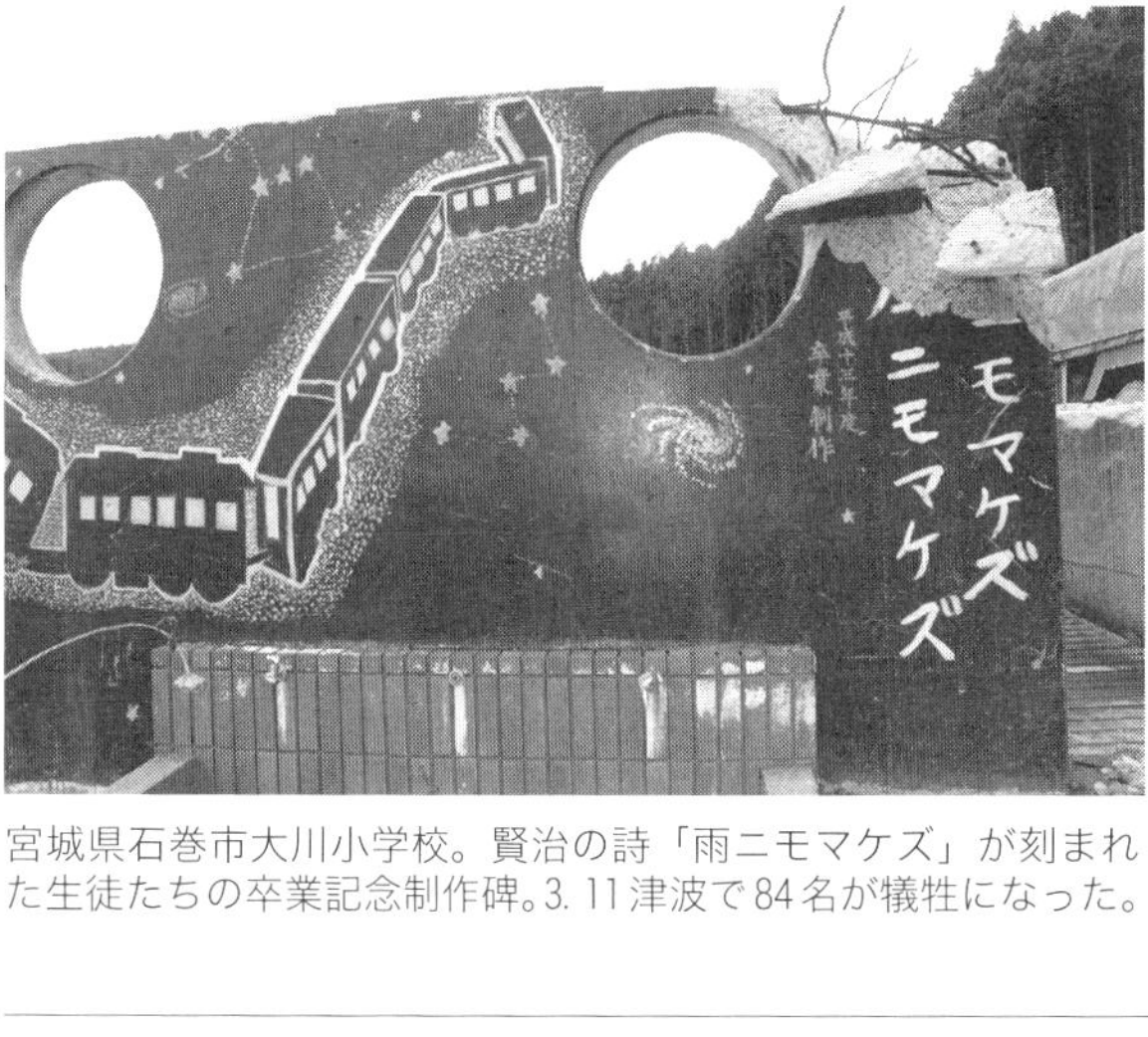

宮城県石巻市大川小学校。賢治の詩「雨ニモマケズ」が刻まれた生徒たちの卒業記念制作碑。3. 11津波で84名が犠牲になった。

行って看病してやり
西につかれた母あれば
行ってその稲の束を負い
南に死にそうな人あれば
行ってこわがらなくてもいいといい
北にけんかやそしょうがあれば
つまらないからやめろといい
ひでりのときはなみだをながし
さむさのなつはおろおろあるき
みんなにデクノボーとよばれ
ほめられもせず
くにもされず
そういうものに
わたしはなりたい

（奈良市・近鉄奈良駅東口広場の石碑「雨ニモマケズ」。二〇一二年移転）


「雨ニモマケズ」にこめられた、賢治のおもいを読み解く手掛りとなる二つのキーフレーズに注目したい。

第一に、「南に死にそうな人あれば／行ってこわがらなくてもいいといい」。

第二に、「さむさのなつはおろおろあるき／みんなにデクノボーとよばれ」である。

死にそうな人に向い、自らも重篤な病の床に臥せている賢治自身が「こわがらなくてもいい」と断定的に言えただろうか。

❖「デクノボー」の原型、常不軽菩薩

童話「虔十公園林《けんじゅうこうえんりん》」の主人公、虔十にうかがえる「デクノボー」の原型、モデルを賢治は誰に見出していたのだろうか。

重病の床で手帳に記された「雨ニモマケズ」の終句、すなわち「そういうものに／わたしはなりたい」に続けて、

南無無辺行菩薩
南無上行菩薩
南無多宝如来
南無妙法蓮華経
南無釈迦牟尼仏
南無浄行菩薩
南無安立行菩薩

と記されている。それらは「法華経」の文言である。原文の文字の配列どおりに図示すれば、中央に一段高く置かれた法華の本尊の右傍を固める上行、無辺行、左側に侍る浄行、安立行の四菩薩に他ならない。四菩薩は大地から湧き出した無数の菩薩たちのリーダーとして法華経の流布教化を司る菩薩である。

宗教色を避けて通常、教科書やいしぶみの詩からは、この法華経の文言が消去されている。従って「雨ニモマケズ」には一読したところ宗教色は感じられない。

しかし、実は根底に「法華経」の、とりわけ「常不軽《じょうふきょう》菩薩《ぼさつ》」の精神が溢れている。法華経の「常不軽菩薩品第二〇」に登場する常不軽菩薩は、あらゆる人に仏性が宿るとして合掌礼拝を重ねる。「そんなことあるものか、いい加減なことを言うな」と大勢の人々にののしられ、石を投げつけられても、仏性を信じ拝み続ける。「法華経」に生きた賢治は「雨ニモマケズ」で「忘己利他」（己を忘れ他を利する）の心境を「自分を勘定にいれず」と表現した。賢治はまた、人の仏性を信じ続けた常不軽菩薩のようになりたくて「みんなにデクノボーと呼ばれ／ほめられもせず／くにもされず／そういうものに／わたしはなりたい」と病の床で記したのではないだろうか。賢治の両親は熱心な念仏者で、臨終には阿弥陀三尊が迎えに来ると信じていた。このように絶対他力の信なくして、死にそうな人に向かい、「こわがらなくてもいい」とは言い難いであろう。

❖宗教性と科学性

自ら三陸大地震を経験して去った賢治の没後八〇年を経て、社会規範が揺らいでいる今、科学者賢治の内なる宗教性が、日本人の心を動かし、共感をもたらし続けているのではないだろうか。日本文化の基層に根差す科学と宗教の互恵互譲の精神が、生活作法の記憶が、ありうべき社会規範として気付かれ、関心を持たれ始めているのではないだろうか。

科学技術に不可避の、特に原子力工学のような巨大技術につきまとう「誤認」（false）の存在を思って懐疑し、躊躇することが出来ない非科学的な魂なき御用科学者、官僚が跋扈し、他方では科学の普遍性を否定し、自己韜晦に沈淪するカルトが横行しているときであればこそ、である。

では、文化に含まれる科学性と宗教性とはなにか。日本列島には約七万一千の神社があり、それぞれに神話を秘めている。神話には宗教と科学の要素が未分化のまま含まれていることを、科学としての比較神話学が解析している。

例えば日本列島の到るところで、山奥の水源に神話に伴われた「水神」が祀られている。しめ縄をはって聖域とされてきた水源地帯、例えば京都貴船神社の周辺は、現代の保安林制度により水源涵養保安林とされている。殺生を禁じた仏教の寺、京都鞍馬寺の森の後背地の森林は鳥獣保護区に指定されている。保安林制度は森林の公益的な機能であり、鳥獣保護区域は生態系保護の、いずれも持続可能な社会を保つための科学的な根拠に基いている。同時に寺社林とその一帯は文化的景観保全地域とされ、現代の社会でも観光の拠点として活発に機能している。

❖形あるものが消えた時

大震災と原発のシビアな事故は空前の「環境破壊事件」である。地震、津波、放射能によって被災地の「自然環境」と「人間環境」は壊滅した。

形あるものはことごとく破壊され、無形の「文化環境」が人々の心に残った。私は、私たちは、どこから来て、どこへ行こうとしているのか――。己のアイデンティティを確かめることが今、被災地にとどまらず、列島全域で日本人に問われている。

それによって暮らしてきた形あるものが消し飛ばされたとき、人は生きるよすがとして無形の存在を思うものなのか、あるいは否か。三・一一が私たちに発した不可避の問いのように思える。このような観点から文化の基層を培ってきた科学性と宗教性が擁する知恵と生活作法を京都に訪ね、新たな社会規範を考える糸口をとらえてみたい。

❖水俣、慟哭永遠の地から

東京電力福島第一原子力発電所は、二〇一一年三月十一日の東日本大震災に連動し、炉心溶融の大事故を起こした。政府を含む日本社会の原発事故への反応の過程は、チッソ水俣工場の有機水銀をふくむ廃水によってひき起こされた「水俣病」事件のそれを思わせる。

いったん環境に溢れだした有害物を制御することが出来ず、その危険性が行政の作為と不作為とによって、国民に明確に知らされていないこと。金銭による補償では到底償うことが出来ない住民の健康、生命から地域文化の破壊にまで至っていること。どちらも国策会社であり、事件後も政府による企業救済策が講じられていること――など、原発事故と水俣病はその社会的な構図に共通するところが少なくない。

一九九四年三月、水俣病の患者有志一七人は、自然発生的に「本願の会」をつくった。会員たちは訴える。「水俣湾の水銀ヘドロの埋め立て地に、魂の石を数多く置き、実生《みしょう》の森を育てながら、祈りと舫《もやい》の場にしていくために、本願の会を作りました。私たちは、その場で水俣病の意味を探り続け、水俣病を通して、現代を読み解いていきたいと考えております」。

本願とは阿弥陀如来菩薩が立てた衆生救済の誓いである。水俣病患者として不治の病苦と差別と貧困と憎しみと、生き地獄を体験した人々が心の旅路の果てに辿り着いた悲願が、「本願」という言葉にこめられている。

水俣病地域に生まれ育ち、『苦海浄土――わが水俣病』を一九六九年に出版した石牟礼道子さんは、『苦海浄土』の扉に、水俣病に苦しむ人々と自然界の姿を法華経の一節に託して記している。「繋がぬ沖の捨小舟　生死の苦海果もなし」。それから三〇余年を経て、苦しみの果てに未来への光明を見据えた人たちが、石牟礼さんに宛てた決意、それがこの「本願の会」に集う人々の魂、心のありようではないか、と筆者は考えている。

脱亜入欧という言葉が示すとおり、一五〇年前に受け入れ始めた西洋近代化は、それ以前の東洋文明日本文化の崩壊を意味することでもある。中途半端な西洋近代化の中で、我々日本人は属する文明を持たない「文明難民」の如くである。世代間、地域内で行われてきた継承が途絶え、既に若年層における命の価値と物の価値を等価に見るような現象も起きてきている。現代社会は、多くの問題を抱えて既に難破寸前のようにも見え、水俣病に啓示された環境問題は深刻さを増している。

（水俣病公式確認五〇年事業実行委員会編「未来への提言――創世記を迎えた水俣」）

筆者はこの乱世からの救いを、神仏に求めようとしているのではない。

「三八億年繋ぎ続けてきた生命の不思議な世界に身を委ね、無意識の世界との対話、交感によって、問題の根源的本質に向き合う」（同「提言」）その方法、認識の在り方、言語による表現を、一二〇〇余年神と仏に相対し、日本の伝統文化の基層を熟知している方々に教えを乞うため、京都へ向かうのである。

❖世直し、復興の時に

巨大な災害に直面した社会では、元あった姿に復帰しようとする「立て直し・復旧」のエネルギーと、新しい規範に基づいて社会を作り変えていこうと試みる「世直し・復興」の動きとがぶつかり、連動していく。

この巻にあふれる生産者、消費者のひとりひとりが、立法、司法、行政に携わるひとりひとりが、企業、学問に携わるひとりひとりが、いまこそ自然、人間、文化の三要素からなる「文化としての環境」の構造を事実に即して正確に認識し、問題の解決に向かう心構えを確かに固め、法律、制度を作り、技術を開発し、投資を行い、生活の場での市民活動に向かうときである。事の成否はひとえに、広範な人々の「心構え」の総和の如何にかかっている。社会の心構え、覚悟こそが、成否を決める。法も制度も企業の社会活動も本物であるためには、携わる人間の強固な心構えを基盤としなければならない。

権力と結び、政争の具、国策とされることなく人の心と正対していた、本来の神、仏、神仏習合の教え、感性。それらの伝統を文化の基層に於いて共有する日本においてこそ、科学と宗教の共存、互敬の可能性を求めて、環境問題と取り組む世直しの心構え、覚悟へのてがかりが潜在しているのではないだろうか。京都一二〇〇余年の文化遺産を訪れることによって、このような共通認識が形成されうるであろうことを筆者は予感している。

環境と資源の制約により、経済の無限成長を前提とした世界秩序の維持が著しく困難となってきたこの時代に、持続可能な社会の発展をめざし、私たち自身の思考の枠組み、変革への覚醒、覚悟の拠りどころとなる新たな価値律を他から強いられることなく、内発、自発的に見出し、気づき、共有することが私たちにできないだろうか。かけがえのない価値の淵源としての日本文化の基層を確かめ、社会が必要とする共有の理念として、また実践への基盤として認識することで、経済の無限成長、大量生産・消費・破棄、規格・効率化モデルに代わる新しい価値秩序の形成、生活作法の確立に向かう気付き、覚悟が自覚されてくるのではないだろうか。

心に去来するのは京都竜安寺の手水鉢《ちょうず》に刻まれた光圀公の言葉「我唯知足」である。これは日銀出身、宮崎銀行の頭取を勤めた経済学者、井上信一さんが唱えた仏教経済学の分数式、「幸せイコール欲望分の財」(幸せ＝財／欲望)に通じる。答えは三つ、財をそのままに、欲望を減ずるか、財を増やして欲望を充足するか、欲望の内容を変えるか、である。

日本の社会は、今、さらなる大地震と巨大津波の勃発を予測して身構えている。他方では地球の温暖化による気候の変動が異常気象をもたらし、食糧の生産を阻害しつつある現実に直面している。

このような状況では、分数式から選択できることが可能な道を、私たちは科学性と宗教性とを同時に満たす社会ルールにより、「欲望の内容を変える」ことに求めざるを得ないのではないだろうか。『京都環境学――宗教性とエコロジー』本書を題する時代背景である。

本書の構成

本書は早稲田環境塾の二〇〇八年から三度にわたる京都合宿での講義をまとめた。京都を代表する寺社の聖職者たちが「環境と仏教、神道」の共通課題にこぞって応えた前例はない。

年々およそ三五〇〇万人もの観光客が訪れる京都で「環境と自然保護」という現代の課題に、遷都一二〇〇余年の歴史の舞台からどのようなメッセージが発せられるのか、初めての集大成を試みた。補「京都から学ぶもの」は、塾生たちが「京都環境学」の手掛りをどこに求めようとしているかを記した。

並行して水俣病の地から作家石牟礼道子さんと漁師緒方正人さんとのインタビューを掲載した。京都を伝統文化の社会、水俣を近代産業社会と位置づけ、異なる環境から発せられた言葉が、互いに切りむすび、文化として環境の一点で交わることを記した。

なぜ京都と水俣なのか、その国際的な背景も含め「あとがき」に記した。

「京都環境学」という新語に、「宗教性とエコロジー」の副題に、それぞれふさわしい内容となるように努めた。

読者がそれら名刹・神社と境内の森や岩、水のたたずまいに、今までとは異なる視点から京都に注目し、気づき、日本文化の基層を確かめていただけたらと願っている。

〈本文写真撮影〉佐藤充男（別途記したものを除く）

京都環境学

目次

はしがき――形あるものを失って …… 早稲田環境塾塾長 原 剛 1

蘇る宮沢賢治　「雨ニモマケズ」と『法華経』　「デクノボー」の原型、常不軽菩薩
宗教性と科学性　形あるものが消えた時　水俣、慟哭永遠の地から　世直し、復興の時に

序章 早稲田の杜から京都へ――京都概説 …… 早稲田環境塾講師・国際仏教婦人会役員 丸山弘子 19

はじめに――環境問題と京都の寺社　すべて京都ゆえに　神仏に祝福された土地、平安京
山河襟帯をなす京都の自然　京都を飾るもう一つの水辺――琵琶湖疏水
むすび――“DO YOU KYOTO ?”「環境にいいことをしていますか」。

第Ⅰ部 エコロジーと宗教性 37

草木成仏を考える …… 大正大学理事長・寛永寺圓珠院住職・天台宗宗機顧問 杉谷義純 38

妙法院 …… 44

宗教における自然 …… 妙法院門跡門主 菅原信海 46

鞍馬寺 …… 52

共に生かされている命を感じて …… 鞍馬寺貫主 信楽香仁 54

鞍馬寺の今と昔　つながり響き合う世界　巡るいのち　深く見つめる　めざめへの誘い

法然院 …… 68

日本人の宗教心 …… 法然院貫主 梶田真章 70

仏教を捨て先祖教へ　欲望達成の手段としての神仏　仏壇の普及で先祖教へ　先祖教行事の数々

核心は故郷の水を手向ける　なぜ花見と紅葉狩りか　失われた故郷と神仏　仏教は非常時の知恵
他力本願とは——法然と親鸞　メニュー豊富な仏教　生き物との失われた関係
私の中にいる私の知らない私　悲願に生きる

下鴨神社

環境と神道——糺の森のもの語る……………………………………下鴨神社禰宜　嵯峨井 建　90
はじめに　タダスの森　科学のメスの入った糺の森

貴船神社……………………………………98

神道の教義に内在する環境保護思想……………………………………貴船神社大宮司　高井和大　100
神道は感じる宗教　自然の中に神の気配　水の神様を祀る　四神相応の地、平安京
火神、水神、起源の地　自然の恵みと災厄　いのちの源は水神信仰　神仏とエコロジーの科学
自然観の相違と神々

「因陀羅網」(インドラ網)の歴史と現代への意義……………………………………丸山弘子　114
はじめに　『華厳経』(*the Avataṁsaka Sūtra*)　因陀羅網(インドラ網)とは
宮沢賢治が描いた童話『インドラの網』　エコロジーと因陀羅網　むすび

第Ⅱ部　水俣から京都へ

125

水俣、不知火海のほとりから……………………………………早稲田環境学研究所講師　吉川成美　126
なぜ京都と水俣を合わせて学ぶのか　なぜ私は水俣病を語り継ぐのか(講演抄録)——杉本雄
全国に拡がる水俣地元学の背景(講演抄録)——吉本哲郎　永遠に失われない栄子さんを求めて

〈インタビュー〉「文明の革命」を待ち望む――「本願」とは何か……漁師　緒方正人　138
〈インタビュー〉空しさを、礼拝するわれら……作家・詩人　石牟礼道子　154

補　京都から何を学ぶか　165

ディープエコロジーとしての日本的自然観……嶋田文恵　166
京都の魅力・その一――自然力　京都の魅力・その二――カミ・ホトケ力
近代の〝新興宗教〟　つながりの再構築
自然共生と神仏習合に期待する環境世直し……草野　洋　172
京都までの道程　森の中の老大木　不滅の法灯の前の剛いこころ
貴船の水の気　慈愛の微笑で法を説く　日本人の「心の里帰り」と宗教への期待
現代への翻訳、体系化を……竹内克之　179
信楽香仁貫主講義　高井和大宮司講義

あとがき　184

京都環境学

宗教性とエコロジー

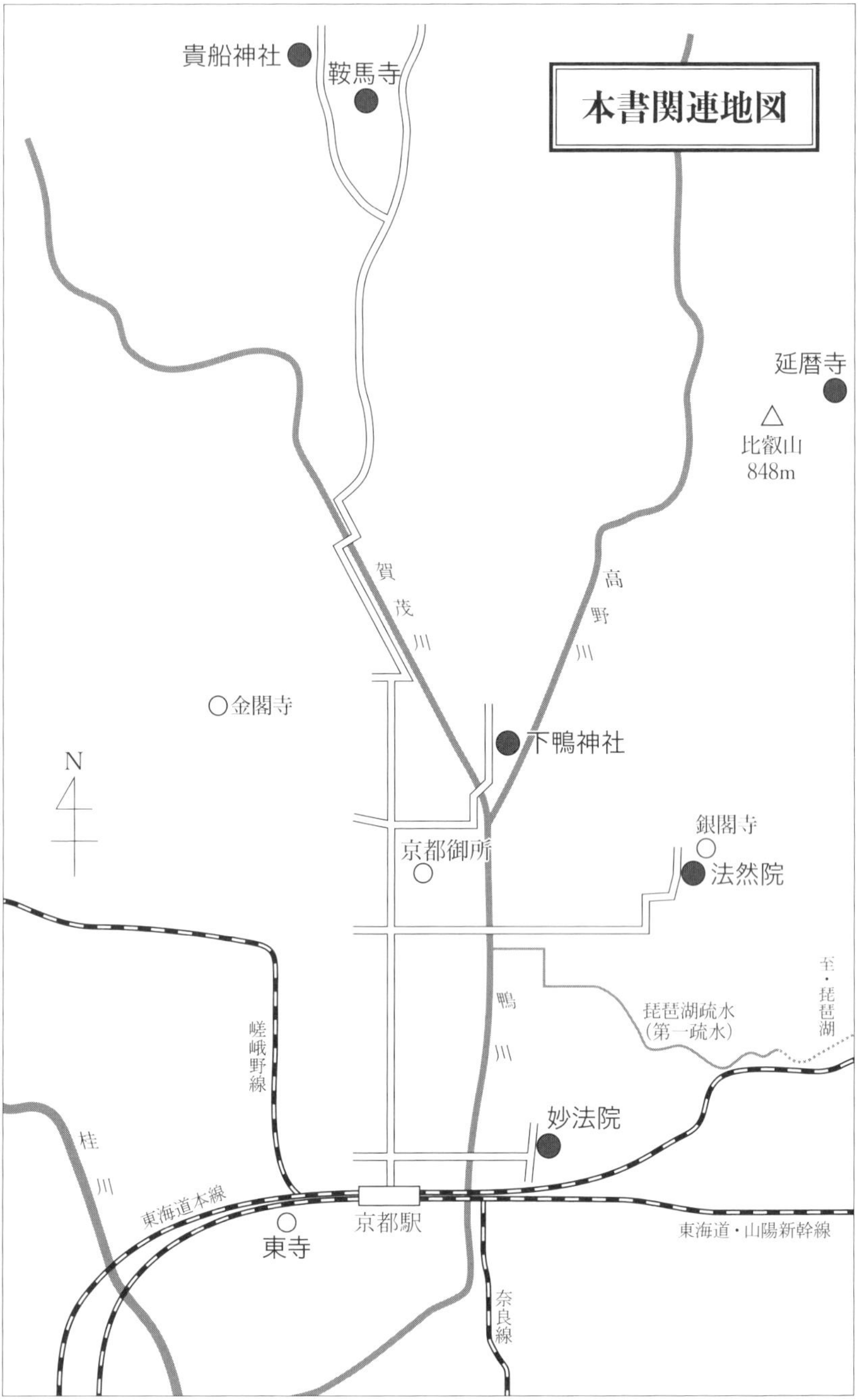
本書関連地図
貴船神社
鞍馬寺
延暦寺
比叡山
848m
賀
茂
川
高
野
川
金閣寺
下鴨神社
N
京都御所
銀閣寺
法然院
鴨
川
琵琶湖疏水
(第一疏水)
至・琵琶湖
嵯峨野線
妙法院
桂
川
東海道本線
京都駅
東寺
東海道・山陽新幹線
奈良線

序章　早稲田の杜から京都へ――京都概説

早稲田環境塾講師・国際仏教婦人会役員
丸山弘子

❖はじめに――環境問題と京都の寺社

早稲田環境塾は二〇〇九年より三回京都合宿を実施しました。その度に僧侶を含めいろいろな方々から、「なぜ、環境問題の学習に京都の寺社を訪ねるのですか」と、率直な疑問が寄せられました。

この問いに対して、環境問題と京都の寺社の接点を説明することになります。そこで、環境問題は目で確認できる因果関係や汚染の数値だけでは認識できない、人として根本的な「心の問題」（自然観、宗教観などの文化的要素）が大きく関与していることを指摘しました。しかし、それだけでは抽象的なので、本稿では「心の問題」としての環境問題を考える端緒として、日本の公害病の原点とされる水俣病の現場に、五〇年間立ち続けた医師・原田正純氏に関する事例を挙げます。

水俣病は一九五六（昭和三十一）年に公式確認されました。当時の医学界の常識では、母親の胎内に毒が入ったとしても、胎盤を通してそれが胎児にいくことはあり得ないとされていました。つまり、胎盤は毒物を通さないと言われてきましたが、原田正純氏は一九六二年に母体内で起きた胎児性水俣病をつきとめ、毒物が胎盤を通ることを初めて立証しました。

更に、氏は水俣病の医学的研究を出発点に、法・政治・

経済・社会へと視野を広げました。一軒一軒患者の家を訪ねる調査を通じて、「有機水銀は小なる原因であり、チッソが流したということは中なる原因であり、水俣病事件発生のもっとも根本的な大なる原因は、『人を人と思わない状況』、換言すれば人間疎外、人権無視、差別という言葉で言い表される状況である」という結論にたどり着きました[1]。原田氏は一人一人の人間の尊厳を等しく認めることが、公害被害や環境汚染の防止に連なることを指摘したのです。

原因究明の結果、有機水銀、チッソという表面的な因果関係より、人間の尊厳の欠如という深層的な「心の問題」が大きなウェートを占めることがわかりました。人の深層意識は自然観、宗教観などの文化的要素を伴い、環境問題の核心に関与していきます。

そこで、千年の都であった京都に登場願う訳です。日本人が無意識に影響を受けた自然観、宗教観、総じて日本文化の発信基地が京都の寺社だったからです。

日本の神道と仏教は環境にやさしい（environmentally friendly）宗教です。神道では、神社は社殿よりその背後の杜や山が重要であると言われます。神はその豊かな自然の中に鎮座しているからです[2]。神を崇めることは即ち自然保護と同義語なのです。

一方、仏教は「縁起の法」と言われます。「縁起の法」とは、この世のすべてのものが、一つの独立したものではなく（無我）、また、固定したものでもなく（無常）、すべてのものは、他との関わりによって互いに生かし生かされて成り立っているということです[3]。

すなわち、他なくしては自もなく、生きとし生けるものの価値を認め、自然との調和・共生を説く仏教の教えには[4]、ディープ・エコロジー（deep ecology）[5]と共通する認識があります。

天台と真言に代表される日本の平安仏教においては、動物や植物のいのちは、それぞれが本来仏になるべき性質を持ち、それらが互いに密接なつながりを持つことが当然のこととされました。天台教学においては、自然に対し「悉皆成仏」の思想を説き、草木成仏が盛んに主張されました。一方、空海も法会において、施主のみならず、獣、鳥、魚、虫にいたるまであらゆる動物の成仏を祈りました[6]。

やがて、「草木国土、悉皆成仏」という言葉に見られるように、動植物の成仏に加え、岩や石、そして国土に至る、「すべての存在」が人間など心をもったものと同じように成仏するという思想に拡大していきます[7]。それは空海がその著書『即身成仏義』で説いたように、物と心は本質的に一体化した存在であり、いずれも宇宙の根本仏とされる大日如来の現実的な表現であると、森羅万象にいのちを認める主張に合い通じるものです[8]。

自然環境を構成するあらゆるものに仏性が宿るという信仰を持つ、天台・真言の両宗と大自然の中に神の気配を感じる日本古来の神道との思想的繋がり、或いは、宗派を超えた仏教の基本理念である「縁起」の思想は、環境問題の解決に向けて一つの方向性を示しているのではないでしょうか。

では、地図を片手に京都へ出掛けましょう。寺社の清々しい佇まいに心の充電をするのも良いですし、環境問題にリンクさせて寺社を訪れるのも良いでしょう。まず、京の町の基本的な成り立ちを理解されると、今までの観光旅行とは違った「文化の味わい深い」旅を実感できるはずです。京都で育まれた文化、自然、そして人々の暮らしが一層鮮やかに感じられます。何よりも、京都というトポス（topos）が発信するメッセージを受けとめて、味わってください。

❖すべて京都ゆえに

「京都に行ってまいりました」と話すと、ほとんどの方が「いいですね。羨ましい」と言われます。「山笑う」春や「山装う」秋の頃は当然のこととして、「山眠る」京都の底冷えの最中でも、「雪が降ったら、趣があるでしょうね」と言われ、「山滴る」京都のうだるような暑さの中でも、「貴船の川床や鴨川の納涼床は風情があります」と、極めて好意的に解釈されます。なぜ京都はオールラウンドプレーヤーとして、多くの日本人のみならず、外国人も魅了してやまない不思議な力がみなぎっているのでしょうか。

例えば、お抹茶とお菓子があると考えてください。東山を借景とする無鄰菴[9]でいただくと、特別なお抹茶とお菓子になってしまいます。京都御苑の近衛邸跡の枝垂れ桜は、公家衆や幕末の志士たちも見たであろうと、自らの意識や記憶を介在させると特別な枝垂れ桜となります。和装で石塀小路[10]をそぞろ歩けば、たとえ古着でも息を吹き返すのです。トポフィリア（topophilia）[11]と言われる「場所愛」が濃密に内在する京都は、そこに存在するあらゆるものに価値を与えます。

景観はだれもが客観的に理解できる眺めである一方、風景は景観と人の意識を結びつけたものと言われます。京都の美しい景観は、人々にトポフィリア（場所愛）を抱かせ、物語を連想させ、風景を呼び起こします。まさに京都は観る者に感動を与え、景観を風景にしてしまう「千年の都」なのです。

❖神仏に祝福された土地、平安京

①「四神相応之地《しじんそうおうのち》」

人相、手相と同じように、土地にも地相があります。桓武天皇は平安遷都にあたり、初代造営大夫の藤原《ふじわらの》小《お》黒《ぐろ》麻《ま》呂《ろ》に、中国の風水思想に基づいて「四神相応之地」であるかどうか地相調査に行かせています。

「四神相応」とは、北に「玄武」、南に「朱雀」、東に「青竜」、西に「白虎」の神獣が配され四方を守護します。その四神には、それぞれ地形状のシンボルとなるものがあり、北の「玄武」は山、南の「朱雀」は池、東の「青竜」は川、西の「白虎」は大道とされ、そのように配された地相を最も尊いとするものです。平安京の場合、北は船岡山、南は巨椋池《おぐらいけ》（一九四一年干拓）、東は鴨川、西は山陰道とまさに「四神相応」の思想に適った地相でした。(12)

桓武天皇は七九四（延暦十三）年十一月八日に次のような詔を下しました。

　この国、山河襟帯、自然に城を作《な》す。この形勝により新号を制すべし。よろしく山背国を改め山城国となすべし。また子来の民、謳歌の輩、異口同辞し、平安京と号す。（『日本紀略』）

「山河襟帯」とは山が襟のように囲んでそびえ、河が帯のようにめぐって流れ、自然の要害をなしていることです。現在でも、青蓮院門跡の飛び地境内で、東山三十六峰のひとつ華頂山山頂にある将軍塚大日堂に上れば市街が一望でき、この自然環境が実感できます。和気清麻呂が狩りにことよせて桓武天皇をこの山上にお誘いし、都の場所にふさわしい旨を進言したと言われています。京都盆地は三方が山に囲まれ、帯のように河も流れて自然に城のような地形をしているので、「山背国」の名称は「山城国」に改称され、「平安京」という雅名が新しい都につけられました。

②「洛」、一文字が京都を表す

申し分のない土地に、平安京は唐代の長安城をモデルに計画的に造られました。皇居及び諸官庁からなる大内裏《だいだいり》が都の北部にあり、長安城と同様に北闕《ほっけつ》型都市と言われます。この北闕型の都は均整のとれた二つの「京」、つまり、「左京」と「右京」からなり、この左右両京を画するのが南北に通貫する幅員約八五メートルの朱雀大路です。左右両京は、それぞれ「東京《ひがしのきょう》」、「西京《にしのきょう》」と称される一方、東京は「洛陽城」、西京は「長安城」とも呼ばれていました。(13)

そこに中国の条坊制に倣って碁盤の目のようなグリッド構造の都市区画が建設されました。

ところで、織田信長が上杉謙信に狩野永徳作の「洛中洛外図屏風」（上杉本）を贈りましたが、「洛中洛外」、「上洛」、「京洛」、「洛北」など、「洛」一文字で京都を表すことをご存じですか。それは上記の「洛陽城」に由来します。均整のとれた「左京」、「右京」でしたが、「右京」は湿地帯で住み難く衰退が著しくなりました。一方、「左京」である「洛陽城」は人家の移動により、大きく膨らんできました。左京域は、北上を始め、東は鴨川を越える勢いとなり、都の中心が東にずれて来たのです。[14] その結果、「洛陽城」の「洛」が京都の代名詞となりました。

左京域に都の中心がシフトしたことにより、平安京の中心線であった朱雀大路は事実上その役目を終えました。その南端に平安京の玄関として築かれた「羅城門」は、芥川龍之介の『羅生門』に描かれたような有様となり、再建を果たせずその石碑が残るばかりです。[15]「羅城門」の東に配された東寺（教王護国寺）のみが創建当時の位置境域に変ることなく留まり、平安京造営時の遺構として現在に至っています。

③「天子南面」の思想からの方向・方角

では、京都の地図をご覧下さい。向かって右側に「左京区」、左側に「右京区」と記してあります。なぜ、右側である東が「左京区」なのでしょうか。

中国では天子は北辰（北極星）にたとえられました。その思想が日本にも入ってきて、天皇の御座所は必ず北辰に背を向けるように南に向かって建てられました。中国に倣い、平安京においても「天子南面」の思想の下、天皇からの方向が基準となったのです。南に向かって座する天皇の左が東になり、右が西ですから、向かって右側が「左京区」、左側が「右京区」となります。

京都御所紫宸殿前にある有名な「左近の桜」と「右近の橘」も、天皇からの方向が基準ですので、「左近の桜」は向かって右側に、「右近の橘」は向かって左側にあります。「左大臣」と「右大臣」のランクといえば、太陽が昇る方角である東、つまり天皇の左側を「上」と見なしますので、「左大臣」のランクが上となります。雛人形も京雛と関東雛では、お内裏様の位置が違います。京雛ではお内裏様は上座である向かって右側に、お雛様は左側に飾られます。

院政を行う上皇を警護した武士集団を「北面の武士」と言いますが、これも「天子南面」の思想に関係しています。

上皇は南に座して政務を執られますので、南面する上皇の背後を警護する武士は北面します。そこで「北面の武士」という言葉が生まれました。(16)

京都の住所表記でも、内裏が北の方角にあったことから北に行くことを、「上《あ》がる」、南に行くことを「下《さ》がる」と言います。江戸中期（一七三六年）刊行の雑俳集『口よせ草』にも、「九重（都の意味）は上がる下がるでむずかしい」という句が見られ、江戸の庶民にはややこしい表現だったでしょう。(17)

❖山河襟帯をなす京都の自然

①王城鎮護の比叡山と京都盆地の山々

早稲田環境塾は比叡山延暦寺の宿坊を宿として、王城鎮護の比叡山から洛中に入るコースをとりました。宿坊からは琵琶湖が一望でき、地理的にも、歴史的にも、京都の立ち位置を確認できるスタートとなりました。

桓武天皇は奈良の仏教勢力を排除するために平安遷都した訳ですので、京中における官営寺院である東寺・西寺以外の寺院の建立を認めませんでした。しかし、平安京より以前に存在していた寺社は例外です。特に、比叡山は遷都の条件となった神聖な山です。平安京の鬼門の方角(北東)に位置し、古より人々から畏敬の念で崇拝され、鬼門封じの役を担いました。その開山は平安遷都より古く、もとより最澄は比叡山延暦寺の前身である一乗止観院を建立しました。(18)

洛北の鞍馬寺も平安京より以前に建立されていました。丁度都の北に位置するため、北方鎮護の役目を担いました。四天王は四方を守護する護法神ですが、鞍馬寺では、北方の守護神「毘沙門天」（多聞天）が、左手を額にかざして、都に邪気・怨霊が入らぬように見守っています。(19)

清少納言の『枕草子』に、「近くて遠きもの」として、「くらまの九十九《つづら》折《おり》の道《みち》」を記していますが、平安時代から多くの人々が九十九折の参道を上って鞍馬寺に参詣しました。(20)

京都迎賓館の大会議室を飾る壁画に、東の比叡山と西の愛宕山が描かれています。(21) 三方を山に囲まれた京都盆地の代表的な山です。比叡山は別稿で論じますので、京都市北西部、上嵯峨の愛宕山について少しお話します。

愛宕山は京都市内では最高峰です（九二四メートル）。平安遷都後、北東の比叡山に対して、北西の守護神として尊崇されました。その山頂には、「伊勢へ七度、熊野へ三度、愛宕さんへは月参り」と古歌で親しまれている愛宕神社があります。古くから火伏せの神として崇敬され、三歳までにお参りすると一生火難に遭わないと言われています。又、南東の山麓を流れる清滝川《きよたきがわ》はゲンジボタルの生息地（国指定天然記念物）となっています。昔から愛宕の名は、京都の俗諺で天候を表す時に使われています。「稲荷詣でに、愛宕詣で」（雲が伏見のお稲荷さんの方、南東に行くと晴れ、愛宕さんの方、北西に行くと雨になる）[22]。

一方、なだらかな山々が連なる東山の景観を、清少納言は『枕草子』の冒頭で表しました。

春は曙。やうやう白くなり行く、山ぎわすこし明かりて、紫だちたる雲の細くたなびきたる。

「春の季節では、一日の中で明け方が最も素晴らしい。空のしらむころ、山の稜線あたりの空がほんのり明るくなって、紫がかった雲が細くたなびいた風情がいい」と詠った『枕草子』の世界は、二十一世紀の現在でもご覧になれます。東山を介して、平安時代の清少納言と気持ちを共有することができるのも京都ならではのことです。

東山と言えば、京都を形容する言葉として「山紫水明」を忘れてはなりません。中国渡来の四字熟語ではなく、儒学者の頼山陽が作ったメイド・イン・キョウトの日本語です。

頼山陽は丸太町橋の西側に居を構え、東山と鴨川の一体化した美しい景色を「山紫水明」と表し、自らの書斎の名としました。その由来は頼山陽が友人に送った手紙の中に読み取れます。

わが家においでくださるなら、申の上刻にどうぞ。その時刻ならば、まさに「山紫水明」の景色をご覧いただけます[23]。

「山紫水明」は一年中つねに京都を代表する表現のようですが、元々は東山と鴨川の午後三時～四時頃の美しさを表現しました。晴れた日のこの時間帯に、丸太町橋付近で鴨川を挟んだ東山を是非ご覧ください。光がどこから入って来るのかが分かる明るい山水の世界が展開します。

②千二百年の流れ――鴨川

鴨川は「四神相応」の「青竜」にあたり、平安遷都にはなくてはならない川でした。その河原では、歌舞伎などの文化芸能が育まれ、その伏流水で茶の湯や銘酒が生まれました。

一方、史上初の院政を行い、権力をほしいままにした白河法皇が、「賀茂川の水、双六の賽、比叡山の山法師は我が意の如くならず」と「天下三不如意」の第一にあげるほど、鴨川は度々氾濫を起こし、暴れ川にその姿を変えました。

平安京でも九世紀に「防鴨河使《ぼうがし》」という官職が設置され、鴨川の治水や河川管理に当たっていました。豊臣秀吉は洛中の防衛と鴨川の洪水対策のために、洛中を囲む「御土《おど》居《い》」を築造しました。鴨川の治水は時の為政者の最重要課題であったと言っても過言ではありません。

近年においては、一九三五年の鴨川大洪水以後、大規模な治水工事が行われ、おだやかな川となってきました。三六年に着手し、四七年に完了した改修事業において特筆すべき点は、「鴨川改修ニ関スル稟聖書（昭和十年水害を受けて京都府の鴨川改修に対する考え方を示した予算補助要求書）」において、京都を「本邦唯一ノ国際的観光都市」と位置づけ、鴨川を「京都ノ優雅ナル情景ヲ保持シツツアリ」とし、工事に当たっては、「風致維持ノ関係上相当ノ考慮ヲ必要」としなければならないとして、自然石を使用し、コンクリートの露出を避けるなど、京都の景観に配慮して進められたことです(24)。一九三六年という軍部が台頭した時代に、京都の将来を見据えた先人たちの見識に頭が下がる思いです。

京都市北西部の桟敷ヶ岳を源流にした鴨川は、雲ヶ畑を経て、鞍馬川を合わせて南流し、糺《ただす》の森で高野川と合流します。合流点より上流を「賀茂川」、下流を「鴨川」と表記します。更に、鴨川は四条大橋上流で白川を加えた後、京都市の中心部を貫流し、下鳥羽付近で桂川に注ぎます。尚、河川法では、雲ヶ畑の起点から桂川に合流する終点まで「鴨川」で統一されます。鴨川の流域面積は約二〇七・七平方キロメートル、流路延長は約三三キロメートルで、大都市を流れる川としてはかなり急流河川と言えます。上流に位置する北山通りと下流域の東寺五重塔の頂部（五五メートル）がほぼ同じ高さであることからもわかります(25)。

鴨川の自然環境は非常に豊かで、オオサンショウウオ、イカルチドリ、カワセミなど『レッドデータブック』（*Red Data Book*）に載っているような貴重な生物が見られます。又、その水質はアユが住めるほどです(26)。人口約一五〇万人の町の川にアユがいることは世界に誇るべきことです(27)。しかし、日本の高度成長期は鴨川が一番汚れていた時代でした。山の樹木はどんどん伐採され、水がどんどん汚れていく状態を、「山紫水明」ならぬ、「山明水紫」（山がはげて明るくなり、水が濁って紫になる）と皮肉にも表現されました(28)。とりわけ、染色工場からの排水は、染料を含んだまま鴨川に流れ込み、川の水を文字通り紫に染めていたのです。

茶の湯と言えば、美味しい水があればこそですが、鴨川と堀川、小川の間にお茶に関する茶家、三千家がそろっています。四〇〇年以上、そこを動かなかったということは、よほど水環境が良かったからと思われます。事実、このあたりは良質の地下水が通っているそうです[29]。鴨川の特徴の一つは、平常時に流れが伏流水になって地下にもぐり込むことです。その結果、平常時の川の流水量は非常に少ないのです[30]。

信仰と鴨川を結びつけた場合、上流部の雲ヶ畑には歌舞伎「鳴神」の舞台として知られる志明院が、貴船川上流には水の神を祀る貴船神社があります。四条通りの鴨川東にある仲源寺の本尊地蔵菩薩は、本来「雨止地蔵《あめやみじぞう》」と呼ばれ、鴨川の治水に霊験を示しました。現在では、雨止が訛って「目疾《めやみ》地蔵」と呼ばれ、眼病平癒の信仰を集めています[31]。

祇園祭の神輿洗《みこしあらい》では、神職が神輿に鴨川の水を振りかけて清めます。ここで一寸祇園祭についてお話ししましょう。祇園祭は七月一日から三十一日までの一カ月間続く宗教行事です。丁度梅雨時に行われますので、雨天が多く、観光客の中から梅雨明けしてから祭りをすればよいのに、という声が聞こえますが、それは無理なようです。梅雨時にするからこその祇園祭なのです。そもそも祇園祭は八六九年、都を中心に全国的に疫病が流行した際、牛頭天王《ごずてんのう》の祟りであるということから疫病退散の神事を行ったことに始まります。古くは祇園御霊会と言われた八坂神社の祭礼です。疫病神が猛威を振るうのは梅雨時です。こちらから疫病神をお迎えし、山鉾を巡行して慰撫します。そして退散して頂くのです。疫病神に居座られては困りますので、山鉾は巡行後すぐに解体します。

市民と鴨川の関わりですが、鴨川は入ろうと思えば石垣を下りて、中に足を浸けることができますし、触れようと思えば手に届く水です。しかし、東京の川はコンクリートの護岸で覆われて川と人間が分けられています。川と人間が一体となった「親水性」というものをごく自然に享受しているのが京都なのです[32]。

鴨川の両岸には遊歩道があり、散歩や夕涼みの憩いの場として多くの市民に親しまれています。春は府立植物園の西側に沿った半《なから》木《ぎ》の道《みち》の桜並木や、鴨川左岸（東岸）の三条大橋から七条大橋までの間に整備された「花の回廊」など、川沿いのいたるところで桜が咲きます。夏は風物詩である納涼床が二条から五条の間に連なります。鴨川と平行して流れるみそそぎ川の上に設けられ、川面の涼風を求める多くの人々で賑わいます。

鴨川を語る時に忘れてはならない景色は、そこに掛けられた橋の上から見える北の山々です。三条大橋や四条大橋からの眺めでも良いですが、もっと北の葵橋や北大路橋からの方が真に迫っているかもしれません。京都の人々は日常的に橋を渡り、幾重にも重なる北の山々を見て、時には鼓舞され、時には癒され、ほっと和んで原点に返るそうです[33]。自己形成空間と言える原風景と街中で対峙できることが、京都人のパワーの源かもしれません。

❖京都を飾るもう一つの水辺――琵琶湖疏水

①京都に光明をもたらした琵琶湖疏水

琵琶湖疏水は日本人だけの手による「チームニッポン」の努力と苦労が実って、一八九〇（明治二十三）年に完成しました。

鴨川が自然の恩恵ならば、琵琶湖疏水は人工的なそれであり、近代から現代にいたる京都の発展を支えた利水の都市基盤であると同時に、京都の景観を語る上で、なくてはならない存在となっています。

明治時代を迎えた京都は、東京遷都にともなって、一一〇〇年余りにおよぶ都の座を奪われ、あらゆる面で衰微の一途をたどりました。人口も三五万の都市から激減し、産業も衰退していく中で、京都の復興策として実施されたのが、琵琶湖と京を水運で結ぶ琵琶湖疏水建設でした。内陸都市である京都が近代的な殖産興業を図るためには、物資の大量輸送を可能にする舟運路の開発が最大の打開策でした。そのイニシアチブを取り実現に向けて尽力したのが第三代京都府知事・北垣国道でした。北垣は琵琶湖疏水のメリットについて、「京都の再生・繁栄のカギは工業の振興である。内陸都市京都にとって、琵琶湖の水を京都市中に引き込めば、あたかも石炭の山が京都の真ん中にできるようなものである」と力説しました[34]。

この大事業に際して、北垣は工部大学校（東京大学工学部の前身）を卒業したばかりの江戸育ちの青年技師・田邊朔郎を責任者に抜擢しました[35]。丁度、琵琶湖疏水工事計画をテーマに卒業論文を仕上げた田邊に、京都の再生復興を託したのです。

疏水事業は人や物資を運ぶ水運路が目的でスタートしましたが、やがて、動力としての利用、上水道用水、灌漑用水、工業用水、防火用水など多目的用水路事業へと展開していきました。その立役者が弱冠二十三歳の田邊その人でした[36]。当初、琵琶湖疏水は主に水車動力を利用する水路として計画されましたが、田邊は米国へ水力発電調査に赴き、帰国後、日本初の事業用水力発電所を蹴上《けあげ》に建設しました。この電力により日本最初の路面電車が東京や横浜よりも早く古都京都で走ったのです。

琵琶湖疏水の動力としての利用は、すべて電力ではなく、

南禅寺水路閣（撮影・丸山弘子）

水車動力としても利用されました。当時、京都では水車を利用して精米がおこなわれていましたが、夏の渇水時期に、鴨川や白川の水を利用する水車は回らないことがあったそうです。一方、水量が安定している疏水の水車は回りつづけ、京都市民に安定した白米を供給するために一役買いました[37]。

主食の米に加えて、水道水も供給した琵琶湖疏水により、市民は命の水の恩恵に与り、伝染病の恐怖から解放され、京都の衛生状態は飛躍的に改善されました。

疏水を水源とする京都の上水道供給が始まったのは一九一二（明治四十五）年のことで、第二疏水が開通したことによります。第二疏水は飲料水の利用を目的の一つとしていたので、水源の汚染を防ぐために全線がトンネルで、一般の人々には馴染みが薄いです。しかし、京都の水道の蛇口をひねれば、それはまぎれもなく琵琶湖の水なのです[38]。

「飲水思源」という中国語がありますが、水を飲んで水の源を思う、つまり、恩恵を忘れないということです。京都市民が琵琶湖疏水に寄せる思いに他なりません。

琵琶湖疏水記念館には、田邊朔郎技師の座右の銘が書かれた英文のノートが展示されています。当時の工部大学校の学生は教授が外国人なので英文でノートを取っていました。百年の計で構想された琵琶湖疏水計画に臨むプロジェクトリーダーの気概が感じられます。

It is not how much we do, but how well. The will to do, the soul to dare.

如何に多くするかではなく、如何に良くするかが大事だ。

やろうとする意志、チャレンジしようとする魂が大事だ。

②京都の文化的景観をなす琵琶湖疏水

琵琶湖疏水は単なる土木建築にとどまらず、疏水完成後は美観を考えて疏水沿いに桜の木が多く植えられました[39]。桜の季節になると、疏水に花びらが舞い散る光景は見事です。疏水がなければ、桜の美しさは半減してしまうほど、疏水と桜のコントラストは鮮やかです。特に、哲学の道や岡崎界隈は京都の桜の名勝地となっています。

哲学者・西田幾多郎が好んで散策したことに由来する哲学の道（フィロゾーフェンヴェーグ）は、疏水・桜・哲学が一体となって、文化的景観を呈しています[40]。

平安神宮で名高い岡崎界隈は、京都国立近代美術館、京都市美術館、京都府立図書館などが立ち並ぶ文教ゾーンで、南禅寺の船溜から冷泉通りあたりまで春爛漫の疏水の道が続きます。

琵琶湖疏水の疏水分線は設計上思わぬ寺院の境内を通過する事となりました。田邊朔郎は臨済宗大本山南禅寺境内にローマ帝国の水道を参考にした半円アーチ式レンガ造りの水路閣を設計して、名刹に新しい景観を導入しました。当時としては、異国風の建造物を禅寺に建設することは勇気あるチャレンジだったでしょうが、南禅寺側は疏水工事に全面的に協力し、境内に疏水路が通過することに難色を示さなかったそうです[41]。今や、西洋風建造物の水路閣と禅寺の趣は絶妙なハーモニーを奏で、寺の大切な観光資源となっています。南禅寺参拝の折には、水路閣の外観をご覧になるだけではなく、上部の疏水路まで上がって行かれることをお勧めします。琵琶湖の水が勢いよく流れる様子が一目瞭然です。

この水路閣は阪神大震災級の直下型地震に耐えられる強度を備えていることが、二〇一一年の市の調査でわかりました。レンガだけで組まれた水路閣は完成から一二三年になりますが、当時の技術力の高さが証明されたことになります。

疏水分線が通った南禅寺界隈には、山県有朋の無鄰菴をはじめとする疏水の水を引き込んだ導水庭園を持つ屋敷が立ち並びました[42]。この庭園の多くは、小川治兵衛（「植治《うえじ》」）の作庭にかかり、東山を借景にした野山に疏水の小川が流れる新しい庭園文化が生まれました。

琵琶湖疏水は竣工の一八九〇（明治二十三）年から一二〇年以上経過していますが、現在も京都市の上水道の九七%をまかなっています[43]。疏水から生まれた水路閣のような文化財や庭園は京都の景観として存在感を示し、疏水沿いの小径は鴨川と同様に人々に憩いの場を提供しています。

二〇一〇年五月の京都市定例市議会において、門川大作市長は「琵琶湖疏水は日本の近代化に大きな役割を果たした貴重な遺産として、世界遺産登録を目指したい」という方針を示しました。疏水単体では登録が困難として、疏水が生み出した庭園文化なども含めて申請する考えで、長期的視野で登録を目指します[44]。

もっとも、疏水工事をするにあたっては、批判もありました。一つの公共工事をするに当たって、賛否両論が出るのは当然なことです。当時、福沢諭吉は疏水工事に対して、「其金を新事業に投ずるよりも、府下特有の旧物を保存するために利用するこそ智者の事なればなり（中略）疏水工事は所謂文明流に走りたるの軽挙」と、景勝維持という側面から批判しました。これは福沢が創刊した『時事新報』一八九二年五月十三日）の「京都の神社仏閣」という論説によるものです。紙面では「疏水」に話が及ぶ前に、明治新政府の神仏分離政策により、「廃仏論を唱え仏者を苦しめること甚だしく、全国の寺院は其私有を剥ぎ去られて維持の道を失っている」と、寺院が破壊されたいわゆる廃仏毀釈を鋭く批判しています。その前提で、「目下京都に存するものは僅かに此颶風《ぐふう》の災害を免れた旧物で、維持保存しなければならない。京都が名所旧跡を失えば、もはや京都ではなくなる。京都が京都であるために山水の美と神社仏閣を維持することが肝要である」と力説し、疏水工事に論点が移ります(45)。

「福沢諭吉は疏水工事に反対した」というイメージが一人歩きしていますが、論説の全文を読み解けば、自然や文化景観の保全を優先する福沢の思想は内発的発展論に通じるものではないでしょうか。

❖むすび――"DO YOU KYOTO?"「環境にいいことをしていますか」。

京都は四神相応、山河襟帯の地として神々に祝福され、豊かな自然に育まれてきました。天子様のお膝元として、繁栄を享受してきましたが、明治維新後、深刻な打撃を受けることになります。しかし、京都は京都人の底力により見事に復興を遂げました。

近年に至っては、一九九七年に地球温暖化防止京都会議（ＣＯＰ３）が京都国際会館で開催され、先進国に温室効果ガス削減を義務づけた「京都議定書」（the Kyoto Protocol to the United Nations Framework Convention on Climate Change）が採択されました。以来、京都は議定書発効の地ということで、一躍世界で注目されるようになりました(46)。

ドイツのメルケル（Merkel）首相が京都を訪問した際に、"DO YOU KYOTO?"というフレーズが「環境にいいことをしていますか」という意味で使われ、世界中に広まっていると紹介しました(47)。"KYOTO"が、「環境によいことをする」という英語の一般動詞として使われることは大変名誉なことですが、京都が環境によいことをしてきたのは、一九九七年以降からではなく、昔からずっと続いてきた生活の流儀とでも言えましょう。自然と一体感を抱き、自然と付き合う「心の作法」を心得ている町、それが京都です。

注

（1）牛山積「環境問題における科学と自然観」（『仏教と環境』立正大学仏教学部開設五十周年記念論文集、丸善株式会社、二〇〇〇年、三頁）。

（2）園田稔氏（秩父神社宮司・京都大学名誉教授）による講演「"神仏"という宗教文化」「孝道山夏期仏教文化講

座」二〇一一年七月。
（3）曹洞宗宗務庁「環境問題と宗門」『早稲田環境塾第五講座　神道・仏教に内在する自然・環境保護思想と近代行政制度』早稲田環境塾、二〇〇九年、三四頁。
（4）キーワード「共生」について（『中外日報』一九九六年一月七日より抜粋）。
人間の人間に対する態度と、人間の自然に対する態度の両側面の問題を一挙に解決してくれるように思われるのは、最近の新聞や雑誌などで、毎日のようにお目にかかるキーワード「共生」の語である。この共生が実は近代の日本仏教界から出た用語であるということは、あまり知られていない。

最近の共生ブームの口火を切ったとされるのは建築家の黒川紀章氏『共生の思想』（昭和六十二年）であろう。異文化の共生による未来思考のライフスタイルを提唱している。黒川氏は共生の思想がかつて学んだ名古屋・東海学園の椎尾辨匡師の影響であることを明言している。東海学園には『「森の思想」が人類を救う』（平成三年）の著者梅原猛氏も学んだ。共生の思想は実は愛知・名古屋発なのである。愛知県・名古屋市は、寺院の数が日本で最も多い地域であり、数では京都をしのいでいる。ここから新しい仏教思想が発せられても不思議ではない。

椎尾辨匡師（一八七六―一九七一）が共生の運動を始めたのは、大正の中頃である。大正十一年には、椎尾師を師表として財団法人共生会が結成され、鎌倉光明寺において共生の教化運動を開始、その教えはたちまちに全国に波及した。

かくして師が仏教の信念をもって社会教育運動に挺身して生み出されたのが「共生」の思想であった。その思想は、仏教、特に浄土教に基盤を置きつつ、第一に人間がその本来の在り方に目覚めるべきこと、第二に人間がありとあらゆる生きとし生けるものとの平等の共生、また自然との共生に立つべきこと、第三に理想世界としての浄土の実現を目指すべきことの三点に総括できる。

椎尾師は、共生をしばしば「ともいき」と読み、その典拠を「願共諸衆生　往生安楽国」「願わくば諸衆生と共に安楽国に往生せん」（唐、善導『六時礼讃偈』）に求めている。そして共生を仏教の基本思想である「縁起」に結びつけて説明している。

縁起とは、縁って起こること、ありとあらゆるものが関係し合って、現象世界を生起せしめていることである。この世界が今あるように成り立っているのは、ありとあらゆる条件が融和し、あい依りあい扶けあっているからである。路傍の一輪の花にも天地自然のあらゆる条件が円満に備わって生きている。
（5）ディープ・エコロジーは一九七三年ノルウェーの哲学者アルネ・ネス（Arne Naess）が「シャロー・エコロジー運動と長期的視野を持つディープ・エコロジー運動」という論文で提唱した環境思想である。すべての生命存在は、人間と同等の価値を持つ。従って、人間が生命の固有価値を侵害することは許されないとされる。人間と自然はひとつであるという認識のエコロジー運動である。
（6）松長有慶「時感断想」『中外日報』二〇一一年一月十八日、一頁。
空海は法要に際し多くの願文を書き、それらは現在『性霊集』の中に収められている。これらの願文には、法会の功徳によって、施主のみならず、獣、鳥、魚、虫にいたるまであらゆる動物の成仏が祈られている。

(7)「草木国土、悉有仏性」、「山川草木、悉皆成仏」という言葉は様々な場面で目にすることが多くなった。特に、「山川草木、悉皆成仏」は環境関連の書物にしばしば登場している。筆者はその出典となる仏典が特定できず難儀していたところ、岡田真美子氏（兵庫県立大学環境人間学部教授）の論文により問題が解決できた。「山川草木、悉皆成仏」という言葉は一九七〇年代の後半くらいから哲学者梅原猛氏によって広められたようである。一九八六年には中曽根康弘首相（当時）が施政方針演説中に用いて、この語は広く世間に知られるようになったと言われる。岡田氏は「山川草木、悉皆成仏」が伝統的な述語ではなく、梅原氏の造語ではないかと考えた。その一つの証拠は「山川草木、悉皆成仏」が『望月佛教大辞典』『織田佛教大辞典』に始まるもろもろの佛教辞典、『諸橋大漢和』以下の漢和辞典に、まったく採録されていないことである。そして、幸いなことにこの仮説は梅原氏本人から正しいことが伝えられた（岡田真美子「東アジア的環境思想としての悉有仏性論」『木村清孝博士還暦記念論集 東アジア仏教――その成立と展開』春秋社、二〇〇二年、三五五―三七〇頁）。

(8)松長有慶「時感断想」『中外日報』二〇一一年二月一日、一頁。

金岡秀友『空海　即身成仏義』太陽出版、二〇〇五年、一〇四頁。

(9)無鄰菴《むりんあん》は、明治・大正の元老 山県有朋《やまがたありとも》が京都・南禅寺界隈に造営した別荘。有朋自らの設計・監督により、造園家・小川治兵衛（七代目）が作庭したもので、東山を借景とし、琵琶湖疏水を取り入れた導水庭園。

(10)石塀小路《いしべいこうじ》は下河原通りから高台寺へ抜ける細く曲がった石畳の小路。

石塀小路は産寧坂地区に含まれ、国の重要伝統的建造物群保存地区に選定されている。

(11)トポフィリア（topophilia）はギリシャ語のトポス（場所）とフィリア（愛情）の合成語で、「場所愛」と訳す。イーフー・トゥアン（Yi-Fu Tuan 段 義孚）によって提示された概念で、「環境との情緒的な結びつき」「人が持つ場所（トポス）への愛着」という意味を持つ。

(12)『第一回京都検定　問題と解説』京都新聞出版センター、二〇〇六年、九頁。

(13)京都商工会議所『京都・観光文化検定試験』淡交社、二〇〇七年、一二頁。

(14)同上書、一三頁。

慶滋保胤《よしげのやすたね》は右京の衰退の著しい様を『池亭記』に著した。

(15)芥川龍之介『羅生門・鼻』新潮文庫、二〇〇六年、八頁。

「何故かと云うと、この二三年、京都には、地震とか辻風とか火事とか飢饉とか云う災がつづいて起った。そこで洛中のさびれ方は一通りではない。旧記によると、仏像や仏具を打砕いて、その丹がついたり、金銀の箔がついたりした木を、路ばたにつみ重ねて、薪の料に売っていたと云う事である。洛中がその始末であるから、羅生門の修理などは、元より誰も捨てて顧る者がなかった。するとその荒れ果てたのをよい事にして、狐狸が棲む。

盗人が棲む」。

『羅生門』の出典：『今昔物語』巻二十九「羅城門登上層見死人盗人語第十八」を主とし、同巻三十一「太刀帯陣売魚嫗語三十一」を部分的に挿入。

(16)『第二回京都検定　問題と解説』京都新聞出版センター、二〇〇八年、一一二頁。

(17)前掲書、京都商工会議所『京都・観光文化検定試験』二五二頁。

(18)本書所収、比叡山延暦寺の項参照。

(19)四天王：持国天（東方）、広目天（西方）、増長天（南方）、多聞天（北方）の称。

(20)清少納言「一六〇　近うて遠きもの」『枕草子　中』講談社、二〇〇七年、二七七頁。
「近うて遠きもの。宮のべの祭り。思はぬはらから、親族の仲。鞍馬のつづらをりといふ道。師走のつごもりの日、睦月のついたちの日ほど」。

(21)環境省所管の京都御苑内にある国立京都迎賓館は内閣府の所管である。

(22)愛宕神社一の鳥居前に形成された町並みの嵯峨鳥居本《さがとりいもと》は国の「重要伝統的建造物群保存地区」に選定されている。

(23)『第三回京都検定　問題と解説』京都新聞出版センター、二〇〇七年、一〇一頁。

(24)鴨川流域懇談会「第一章　京都と鴨川」『千年の都と鴨川――より安全で、親しまれる鴨川をめざして』京都府、二〇〇六年五月、八頁。

(25)『千年の都と鴨川治水』"Flood Control works on the Kamo River in the Ancient Capital" 京都府土木建築部治水総括室、二〇〇五年四月、一頁。

(26)京都府主催「第一回鴨川流域懇談会」議事録、話題提供「鴨川の現状と課題」古賀河川課長発言参考、二〇〇五年三月二十六日。

(27)京都市の人口は二〇一二年十二月一日現在、一四七万三〇六九人。

(28)前掲資料、「第一回鴨川流域懇談会」議事録、森谷尅久氏（武庫川女子大学教授）発言参考。森谷尅久『京の川』角川選書、一九八〇年。

(29)同上資料、中村弘子氏（千家十職塗師第一二代中村宗哲）発言参考。

(30)同上資料、中川博次氏（立命館大学客員教授・京都大学名誉教授）による基調講演「千年の都と鴨川」参考。

(31)『第五回京都検定　問題と解説』京都新聞出版センター、二〇〇九年、一八〇頁。

(32)前掲資料、「第一回鴨川流域懇談会」議事録、吉澤健吉氏（京都新聞社編集局次長）発言参考。

(33)同上資料、西村明美氏（柊家株式会社取締役）発言参考。

(34)京都商工会議所観光産業特別委員会『琵琶湖疏水と京都の産業・企業』京都商工会議所、二〇一〇年、一九頁。

(35)田邊朔郎（一八六一―一九四四）は"The lake Biwa-Kioto Canal"（一八九四）という論文にまとめ、イギリス土木学会に投稿し、その論文により日本人として初めてテルフォード・メダル賞を同学会から授与された（『土木学会誌叢書4　技術者たちの近代』土木学会）。

(36)竹村征三『湖国の「水のみち」近江――水の散歩道』サンライズ出版、一九九九年、八六頁。

(37)前掲書、京都商工会議所観光産業特別委員会『琵琶湖疏水と京都の産業・企業』一一二―一一四頁。
(38)同上書、一六四―一六五頁。
(39)前掲書、竹村征三『湖国の「水のみち」近江――水の散歩道』七三頁。
(40)哲学の道：若王子《にゃくおうじ》橋から銀閣寺橋までの琵琶湖疏水の散歩道で、大正時代に活躍した西田幾多郎や河上肇などの哲学者が思索しつつ散歩したことにより名づけられた。春には桜、夏には蛍、秋には紅葉が楽しめる。
(41)前掲書、竹村征三『湖国の「水のみち」近江――水の散歩道』九九頁。
(42)「日本の近代遺産50選　琵琶湖疏水」『日本経済新聞』夕刊、二〇〇八年五月十五日。
　重要文化財指定を受けている府内の近代和風建築（明治から昭和初期の建築）は、洋風の一五件と比べると、旧武徳殿（左京区）と野村碧雲荘（左京区、南禅寺界隈）と二件にとどまっている。『京都新聞』二〇一〇年五月二十九日。
(43)京都市上下水道局による広報：「京都市の水道水の原水の約九七%は、琵琶湖疏水を通じて琵琶湖から取水しています。残りの三%は宇治川から取水していますが、宇治川は琵琶湖から流れている河川であり、原水すべてが琵琶湖の水であるといえます」。
(44)「琵琶湖疏水　世界遺産に　京都市　長期的視点で」『京都新聞』二〇一〇年五月十九日。
(45)「京都の神社仏閣」『時事新報』一八九三年五月十三日。現代語訳は筆者による。
　福沢諭吉が創刊した日刊新聞。一八八二（明治十五）年に第一号が発行され、ほどなく自他共に「日本一」を認める高級紙になったが、一九三六年にその歴史を閉じた。

　『時事新報』の社説は一切無署名で、すべて「我輩」と称している。この時代の新聞をさして「パーソナル・ジャーナリズム」という語があるように、『時事新報』は世間では福沢の新聞と認識されていた。因って、基本的に論説の主張は福沢のものと見なすべきと考える（参考文献：都倉武之『時事新報史　第一〇回『時事新報』の論説をめぐって（2）――「我輩」は『時事新報』である』「ウェブでしか読めない」慶応義塾大学出版会、二〇〇六年）。
(46)ＣＯＰ３は正式には、気候変動枠組条約第三回締約国会議と言う。ＣＯＰとは“Conference of the Parties”（締約国会議）の略称で、「国連気候変動枠組み条約」の締約国が交渉する場。
(47)門川大作「市長の京都らしい環境にやさしいライフスタイルへの想い」『日本の論点２００９』（文藝春秋）より抜粋要約、京都市環境政策局・地球温暖化対策室、二〇〇九年二月二十六日。
特記：各氏の肩書きは当時のものとする。英文翻訳は筆者による。

第Ⅰ部　エコロジーと宗教性

草木成仏を考える

大正大学理事長・寛永寺圓珠院住職・天台宗宗機顧問　杉谷義純

「山川草木悉皆成仏」すなわち、山も川も草も木もことごとくみな成仏すると聞くと、日本人なら何となく解ったような気がする。山や川、そして巨木などに神が宿るという自然崇拝もあった。そして日本人はこのような自然に神が宿ることと、これらの自然にはそれぞれ仏性があって成仏することとを余り峻別せずに、何となく有難いもの、あるいは恐ろしいものとして受け入れてきた。そこには神仏習合思想の影響が見られ、日本人の自然に対する畏敬の念を育んできたのではないだろうか。

　今日、自然と人間の関係が問い直され、いわゆる環境問題を考える上で、草木成仏思想やその淵源である本覚思想を取り上げ検討を加えることは、何らかの問題解決の視点を見つける参考になるであろう。

　草木成仏説が完成したのは良源（九一二―九八五）に仮託された『草木発心修行成仏記』によるといえる。この本は高弟檀那院覚運（九五三―一〇〇七）の問いに対して良源が答える形式を取っている。

問「草木にはすでに慮知の心がない。いかにして発心し修行し成仏するというのか。」

答「草木成仏とは本門寿量の実義であり如来の如実知見の説である。世間相常住の経文こそ、この草木成仏の言旨である。ただ草木は発心修行せず菩提涅槃の義なしとするは、爾前迹門の説であって、本門寿量ではない。今本門の正意は菩提成仏を論ずるのである。草

木もすでに生、住、異、滅の四相を具えている。これはすなわち、草木の発心、修行、菩提、涅槃のすがたである。これこそ有情の類でなくてなんとしよう。ゆえに草木の発心修行するとき有情も同じく修行する。有情が発心修行するとき、草木もまた発心修行するのである。」

すなわち草木が生＝発芽、住＝葉を繁らす、異＝花や実をつける、滅＝枯れる、と姿を変えるのは、そのままが仏道における発心、修行、悟り、涅槃に外ならず、いわゆる成仏する姿であるとしている。あるがままの自然の姿そのままが成仏だとしているのである。この草木成仏説は天台本覚思想が頂点に達した状況といえるであろう。そして中世の謡曲などに大きな影響を与え、「杜若」「芭蕉」「西行桜」などには「草木国土悉皆成仏」の文字がそのまま使われている。

さて大乗経典の「涅槃経」の中に「一切衆生悉有仏性（生きとし生けるものは皆仏性を秘めている）」という文があるが、仏性とは如来蔵と同義であり、すなわち煩悩におおわれている人間の心の中には如来となる性質を蔵しているというのである。最澄が『守護国界章』の中で「一切悉く皆仏性有りて当に成仏すべし」と一乗仏教を標榜しているのはこの流れを受けているのである。

そして『大乗起信論』の中に「すべてのものは覚れる本性を持っている」という意味で本覚という文字が使用されこれが本覚思想というように使われることになった。

さて天台本覚思想がやがて現実肯定の思想に発展していく立脚点として「摩訶止観」の「一色一香無非中道」なる考え方がある。この世に存在するもので中道を示していないものはない、すなわち真如の姿をしているという。

一方密教の立場からは、この宇宙の森羅万象は大日如来の説法とすることから、やはり真如の姿であるとする。顕密一致の立場から天台思想に本覚思想は矛盾なく取り入れられていく。又中国天台第六祖湛然《たんねん》（七一一―七八二）は『金錍論』を著し「人間やそれを取り巻く環境は過去のいろいろな因縁の報で現れることから、主体である人間を正報、環境を依報として、本来仏から見れば正報と依報は別々の存在ではない（依正不二）」とした。従って人間が悟れば環境も成仏するとするのである。

これらの考え方はいずれも仏の絶対的立場、悟りの目線で見たはずのものであるが、他方仏教の立場からいえば現実のすべての現象は因縁によって生じているのであるから、その因縁生起の外に真実があるわけではない。それ故その現実こそが真如であり肯定されるべきものであるという論理があり、やがて修行をして悟りに向う始覚の立場が失わ

比叡山延暦寺根本中堂

れ現実肯定の本覚が強調されるようになった。

一般に良く使われる生死即涅槃や煩悩即菩提の言葉も、生死や煩悩がそのままで肯定されるわけではない。あくまでも仏性の開発という宗教的転換があってはじめて肯定されるべきものであるが、天台本覚思想が無原則現実肯定に進み過ぎた危険もあり、少なからぬ批判を受けたのも事実である。

しかしながら人間と環境がいわゆる不二の立場から環境自体が人間存在そのものである、あるいは逆に人間存在そのものが環境であるという視点が出てくる。このことは環境破壊が自殺行為そのものであることを、科学的知見を求める以前に提示してくれているのではないだろうか。

〈用語解説〉

本門　法華経は二八品（二八章）で構成されているがその前半の一四章を迹門、後半の一四章を本門として分ける。迹門に登場する釈尊は現実にこの世界に誕生、修行して悟りを開き仏教の説法を行なった歴史上の釈尊を指し、本門の釈尊は迹門の釈尊が衆生を救うために仮に方便としてこの世に現われたのに対し、永遠の昔に成仏した真理の体現者としての釈尊をいう。

慮知の心がない　非情のことをいう。

世間相常住（法華経方便品の文）仏の教えが永遠であることを表す文として用いられたが、世間の姿そのままが常住すなわち永遠の真理として受け取る解釈が生まれ、本覚思想の中核となる。

有情　人間や動物のように心がある存在。衆生＝有情という考え方であり、有情に対して、感情を持たないものを非情とした。そして湛然は非情成仏を説いたが、天台の事物と精神すなわち色心が不二という立場からの解釈で、有情も非情も不二でありさらに進んで草木も有情と考えられるようになった。

一乗仏教　すべての人々が分けへだてなく成仏する仏教。

守護国界章　最澄が法相宗の学匠徳一と論争した内容を著したもの。天台の一乗仏教を説く。

大乗起信論　馬鳴の作で二世紀頃成立したといわれる如来蔵思想を説く論書。実際は七～八世紀頃の成立といわれる。各宗に影響を与え、本覚、不覚、始覚の概念が登場する。

摩訶止観　智顗の口述したものを弟子灌頂が筆録したもので法華三大部のひとつ。法華経の実践部門を説く。

参考文献

『天台本覚論』（日本思想大系9）岩波書店
大久保良俊『天台教学と本覚思想』法蔵館
末木文美士『日本仏教史』新潮文庫　他

〈比叡山延暦寺〉　京都盆地に住みついた朝鮮半島からの渡来系氏族・秦氏の人々は、比叡山を太陽の昇る東方の山として、「ヒエ（太陽）の山」と祖国の言葉で呼んだそうです。韓国高麗大学の学生たちにこの話をしたところ、二十数名が一斉に「ヒエ」と発音してくれました。

東山三十六峰の最北最高峰である比叡山は、平安京の鬼門（北東）の方角に位置し、古来より王城鎮護の霊山として崇められました。延暦寺は天台宗の総本山で、最澄が七八八年に自ら彫った薬師如来像を祀ったことに始まり、その歴史は平安遷都（七九四年）以前にさかのぼります。東塔《とうとう》、西塔《さいとう》、横川《よかわ》のエリアから成り、これらを総称して比叡山延暦寺と称します。

最澄（傳教大師）は八〇四年求法のために唐に渡り、帰国後、日本天台宗を開宗しました。比叡山の教えは最高学府として、日本仏教の母山のような役目を果たし、法然、親鸞、栄西、道元、日蓮のような鎌倉仏教の名僧を輩出しました。

延暦寺の頂点に立つ天台座主《ざす》には、皇族、摂関家、将軍家などから就きました。横川を開いた第三代座主の円仁《えんにん》（慈覚大師）は、国内では東北の中尊寺や毛越寺《もうつうじ》開山のため東北巡礼を行いました。更に、唐に渡り旅行記『入唐求法巡礼行記』を著すなど行動範囲が広い人物でした。マルコ・ポーロの『東方見聞録』よりずっと信頼できる優れた旅行記と称される『入唐求法巡礼行記』は、ライシャワー元駐日米国大使が英訳し、広く世に知れ渡りました。

比叡山の修行と言えば、千日回峰行が新聞やテレビでよく報道されます。不動明王と一体となるための厳しい修行で、平安時代から平成の世まで続いています。回峰行一千日は七年間かけて行われ、行中に歩く距離は地球一周、約四万キロに及ぶと言われています。『法華経』に常不軽菩薩《じょうふきょうぼさつ》の話がありますが、回峰行はこの常不軽菩薩の行を体現したものと言われます。常不軽菩薩は出会う人すべてに「私はあなたを軽んじません。あなたは必ず仏になる方ですから」と言って合掌礼拝し、大勢の人々にののしられ石を投げつけられても、人の成仏を信じ礼拝し続けた菩薩です。『法華経』を根本経典とする比叡山では、回峰行は常不軽菩薩の精神の下、「草木国土、悉皆成仏」と山にあるすべての草木や岩石に宿る仏性をひたすら礼拝し峰々を巡ります。

藤波源信大阿闍梨は白装束で山中を歩く理由の一つとして、「夜間歩くので、夜行性の動物にとって白は識別しやすいですから、棲み分けのためです」と言われました。お山では阿闍梨さんと小動物は共生し、伝統的な回峰行は環境にもやさしいという印象を受けました。

〈東叡山寛永寺〉　比叡山延暦寺は平安京の鬼門に位置するために、国家鎮護の役割を担いました。それにならって、天海大僧正は江戸城の鬼門にあたる上野に寛永寺を建立し、徳川幕府の弥栄を祈念しました。故に、東の比叡山という意味で、山号は東叡山と称されます。

（記・丸山弘子）

妙法院

三十三間堂（蓮華王院）

宗教における自然

妙法院門跡門主　菅原信海

「自然」という語は、中国古代の『老子』において尊ばれる言葉である。つまり、儒教で教えとか倫理とかの「人為」によって人が育まれることに対して、その人為を排して、人の手の加わらない状態である「自然」を理想とする考えを尊ぶのである。『老子』に始まる道家の思想においては、人の手の加わらない自然こそ理想の状態であって、それを『老子』では、「無為自然」といい、それが道家の究極の論理である「道」なのである。つまり儒家に対して、道家と言われる所似である。

自然現象に対する畏怖やその自然を崇拝することは、人が人間として誕生した太古からのことで、太陽、そして風雨や雷などの自然現象に対しての畏怖と尊敬が、天に対する信仰や太陽信仰を生み、人間の力を超えた絶対な力に対する信仰が生まれてくるのである。それが天体を信仰の対象とし、太陽や月そして星に対する信仰へと発展したのである。それと併行するように、自然物に対しての信仰が生まれ、大地・巨石など人力の及ばないものに対する信仰がそれである。大地は、ものを生成するということから、地母神信仰を生み、神話にはこの地母神信仰が反映されているものが多い。巨石は、神の憑代として、信仰の対象となっていたことはいうまでもない。

自然現象に対する畏怖の念から、それを信仰の対象とするのが、いわゆるアニミズムであって、世界的な現象である。つまり、台風や大暴風雨に対する恐れ、雷に対する恐

怖、洪水・津波などの自然現象に対する恐怖が、やがては自然に対する畏怖となり、自然に対する信仰へと繋がっていくのである。

日本では、杜《もり》は神の宿るところであって、そこに神社が生まれるのである。その杜には、神の憑代としての磐境があったり、巨岩が存したり、神木があったりして、神の降臨を仰ぐことができる神聖な場所があるのである。京都の都を囲む山々に、雷にまつわる神社が点在している。つまり、北に上賀茂神社があって、ここの祭神は賀茂別雷神であって、祀られているのは雷神である。その母神と外祖父を祀ったのが下鴨神社であり、賀茂御祖神社といわれている。そして、都の西には、松尾大社が鎮まっているが、この神は『本朝月令』によると、下鴨の神の父といわれている。そうすると、上賀茂の神の祖父に当たることになり、都を囲む西から北にかけて、雷神信仰の神を祀っていることになる。しかも、その東の比叡山山麓には、山王の神々が祀られているが、地主神である二宮は大山咋神といい、この神は松尾神と同神とされていて、元を正せばやはり雷神なのである。京都の都を取り囲む周辺の山々は、雷の発生する山々であって、その雷を祀った神社が、都の周辺に祀られているといえよう。

日本の場合、自然は心を持つ生き物としてみ、人と同じ対象と考える傾向があった。決して自然に逆らわない。むしろ自然と共に生きているとの考えである。自然と対決しようとする欧米人の在り方とは、区別されていたのである。自然を心を持つ人のようにみているよき例は、『万葉集』の歌のなかに、発見できる。その例を一、二示してみよう。『万葉集』巻一に額田王の作とされる、

三輪山をしかも隠すか雲だにも　情あらなん隠さうべしや

同巻九の春日蔵の作、

照る月を雲な隠しそ　島かげに　わが船泊てむ泊知らずも

この二つの歌に出てくる雲は、あたかも人の心の動きとも取れるし、人の心の反映とも考えられるのであって、自然現象としての雲ではなくて、人の心の動きを感じさせるものである。だから、雲に対して人に対するような呼びかけともとれる詠われ方がなされているのである。はじめの歌は、天智天皇が、飛鳥の都を離れて、近江の都に遷るとき、天皇を守ってきた神の山である三輪山に別れを惜しむのに、

〈妙法院門跡〉 老若男女に親しまれている三十三間堂は、妙法院門跡の境外仏堂（飛地境内）です。現代風に表現すれば、妙法院門跡は三十三間堂のオーナーということです。先ず両者が一つの寺院であることをご承知ください。

東山七条の妙法院門跡は三十三間堂から四〇〇メートルほど北東にあり、平素は一般公開されていません。

その歴史は、後白河上皇が東山の地に院の政庁である法住寺殿《ほうじゅうじどの》を造営したことに始まります。上皇はその守護神として紀州熊野本宮と比叡山延暦寺の鎮守社・日吉山王《ひえさんのう》のご神体を勧請して、新熊野神社《いまくまのじんじゃ》と新日吉神社《いまひえじんじゃ》を創建しました。その折に、比叡山の妙法院 昌雲《しょううん》を新日吉神社の別当職に任じたことにより、妙法院とのご縁が生まれました。

その後、同じく法住寺殿に、観音信仰に熱心な後白河上皇の発願により、三十三間堂が平清盛の寄進により創建されました。ここに、妙法院・三十三間堂と一体で呼ばれる所以があります。法住寺殿には観音堂である三十三間堂と新日吉神社と新熊野神社のお社が祀られ、まさに神仏習合の境内でした。

戦乱の歴史の中で、妙法院を復興したのは豊臣秀吉でした。豊臣政権の功罪を鑑みると、秀吉が行った京都の寺社の復興は目を見張るものがありました。特に、妙法院と三十三間堂はその恩恵を受けました。秀吉は方広寺大仏殿を建立した際に妙法院を経堂とし、亡き父母の菩提を弔うために、妙法院で大規模な法事を行いました。現存する国宝の「庫裏《くり》」は、この時に僧の賄いを行った台所と伝えられています。又、三十三間堂の南の太閤塀《たいこうべい》も築造され、現在に至ります。

〈三十三間堂〉 三十三間堂は正式には蓮華王院《れんげおういん》と称し、堂内には一〇〇一体もの千手観音像が祀られています。通称の三十三間堂は、南北に約一二〇メートルもある長い堂内の柱間の数が三三あることに由来します。又、「三十三」という数は、観音菩薩が「三十三身」に変身して衆生を救済されることにちなみます。千手といっても、実際には四十二手で、合掌の二手を除いて両脇に四十手、その各一手が二十五の働きをするものとして「千手」を表します。

荘厳な一〇〇一体の千手観音像の前に、躍動的な風神雷神及び写実的な二十八部衆の等身大の神々が安置されています。その多くは古代インドに起源を持ち、千手観音とその信者を守る護法善神です。

三十三間堂のたたずまいは、江戸初期、平戸のイギリス商館長リチャード・コックス（Richard Cocks）が記した『イギリス商館長日記』でも絶賛されています。コックスが三十三間堂を訪れたのは元和二（一六一六）年十一月のことでした。日記には「つまるところ、この聖堂（三十三間堂）は私がかつて見たものの中で最も賞賛すべきものであって、著名な世界の七不思議のいずれの前にもひけをとらないと評価されて良いでしょう」と記しています。

シェークスピア（Shakespear 1564-1616）とほぼ同時代のコックスは、鎖国前に来日し、上洛を果たしました。三十三間堂七〇〇年の歴史の中で、十七世紀にヨーロッパと出逢い称賛された歴史のひとこまです。

（記・丸山弘子）

仏教では、自然をどのように見ていたのであろうか。天台教学では、自然に存在するもの総てに、仏性があると考えている。

何で雲がその山を隠してしまうのか、という意なのである。次の歌は、月明かりを利用して、自分の船を島かげに泊めようとしているのに、なぜその月を雲が隠してしまうのか、と雲を意地悪をする人の動きのように捉えていることである。日本の古代の人は、このように自然を人のように、また人の意思で動くもののように捉えていたことに気づく。

仏教では、自然をどのように見ていたのであろうか。天台教学では、自然に存在するもの総てに、仏性があると考えている。大乗の『涅槃教』に「一切衆生、悉有仏性」とあり、すべての人には、誰でもが仏性つまり仏になる素質をもっているという。この考えを、天台教学では更に拡大して、「草木国土、悉皆成仏」といい、自然に生あるもののすべてが仏性を備えているとみて、生あるものそれは山も川も、そしてすべての草木に至るまで、仏になる素質をもっていると教えるのである。いうなれば、この世に存在する総てのものには、仏となる素質があることになる。この考えをもとにして、その理念を実践しているのが、回峯行である。回峯行は、「但行礼拝」という、ただひたすら拝みまくるという行であって、それは自然に存する総てのものには仏性があるから、山にあるすべての草木や岩石に仏をみ、山々を駈け廻りながら、草木や岩石に宿る仏を拝み回るという荒行になったのである。

東洋には、このような日本で生まれた回峯行があったり、同じく山々に分け入って修行する修験道があった。修験道は、いわゆる山伏であって、山に入って自然と一体になって、修行することを目的とする。修験の教学には、仏教と中国土着の宗教である道教とが結びつき、さらに日本の神道が加わって、独自の教えを持った宗教に発展を遂げている。この修験も、自然を相手に、自然そのものの存在と同化して、自然の中での修行を大切にしている。

自然における聖地感覚というものがある。鎌田東二氏の『聖地感覚』の中で、宮沢賢治の詩「小岩井農場」を引いて、聖地は自然に繋がる宗教的場所であることを論じている。宮沢の詩「小岩井農場」は、次のような詩である。

さうです、農場のこのへんは

まつたく不思議におもはれます
どうしてかわたくしにはここらを
der heilige Punkt と
呼びたいやうな気がします
この冬だつて耕耘部まで用事で来て
こゝいらの匂のいゝふぶきのなかで
なにとはなしに聖いこころもちがして
凍えそうになりながらいつまでもいつまでも
いったり来たりしてゐました

この詩の「聖いこころもち」を引き起こす場所的感覚や土地に根ざした直観的想像力、それが「聖地感覚」なのである。宮沢がいう der heilige Punkt（the holy point）は、一般的には「聖地」とよばれる。この「聖地」は、神仏や精霊あるいは超自然的存在などの聖なる諸存在などが示現したり、またはそれらの聖なる諸存在を顕彰したり、記念したりしたある特異な場所を総称していう。鎌田氏は、このような聖地感覚を通して、聖地は聖なる場所であり、しかも宗教的な場所でもある、そして、そこは聖なる清らかな自然が繋がる場所である、といっている。

鞍馬寺

鞍馬寺本堂前のパワースポット。5月の満月の夜、秘儀五月満月祭(ウエサク祭)が行われる。

共に生かされている命を感じて

鞍馬寺貫主　信楽香仁

❖鞍馬寺の今と昔

緑の山脈が若狭の海へと重なり、その山ふところを見え隠れしながら雍州路《ようしゅうじ》が京の北の入り口へと続きます。雍州路は、北の日本海と都を結ぶ流通の要路であり、人々の暮らしや文化の交流などに大切な動脈でした。殊に北山は賀茂川の源流であり、生命の水を守りたもう水神・貴船明神がましまます。鞍馬の山には水を抱く母なる大地、豊かな森がありました。鞍馬・貴船は流通の要所であり、人々の憩いの場であると共に、いのちと暮らしを守る水と森の源だったのです。自然と共に生き、自然を尊び、自然に神仏の恵みと厳しさを実感する。自然の生き物の言葉を聴き、自然と共に生かされている自分たちのいのちを見つめる。そのような暮らしを大切に守り、伝え続けて来た地であり、また人々なのです。

西暦七七〇年に、奈良の唐招提寺を開かれた鑑真和上のお弟子で鑑禎《がんちょう》上人が訪れられて、毘沙門天をお祀りされたことが始まりと、「鞍馬蓋寺縁起」というお寺の成り立ちを示した縁起に書かれています。その時に毘沙門天が祀られました。お像として本殿金堂を真ん中にお祀りしているのが毘沙門天。それからしばらく平安京に都が遷り、その都で東寺を造るお役を担っていた藤原伊勢人さんが、どうしても観音様を自分で祀りたいという願を立てられ、縁

あって鞍馬山に来られ、観音菩薩を祀った。千手観世音菩薩が向かって右側におわします。

いろいろな方が鞍馬に来られたのは何故かと言いますと、おそらくこの山自体に力があった。地質的に言えば磁場というか、エネルギーの高い特別な場所だったのでしょう。山岳信仰と言ってもいいのかもしれないですけど、山の力をお姿として表したのが護法魔王尊、鞍馬山自体だと思っていただいてかまいません。左側に護法魔王尊がまします。天狗さんのようなお姿をされております。護法魔王尊がお山にいらして、その波動というか、その気に引かれて鑑禎上人や藤原伊勢人さんが来られたというわけです。

このお山にいろいろな方が集まり、信仰が続いておりますが、鞍馬山の信仰は、宇宙の大霊であり大光明、大活動体にまします「尊天《そんてん》」を本尊と仰いで信じ、尊天のみ心に近づくように生きることで、尊天信仰といいます。尊天とは、この世に存在するものを個々にそうあらしめている宇宙生命、宇宙エネルギーなのです。真理そのもので、本質を保ちつつ森羅万象、あらゆる相《すがた》となって顕現します。そのお働きは慈愛と光明と活力となって現われ、また月に代表される水の氣、太陽から放たれる氣、母なる大地―地球の氣の三つの氣(エネルギー)にも顕れますので、それぞれを

月の精霊　―慈愛―千手観世音菩薩
太陽の精霊―光明―毘沙門天王
大地の霊王―活力―護法魔王尊

のお姿で表して、三身一体尊天《さんじんいったいそんてん》と称しています。本殿にはこの三尊のお像が奉安されています。祀られた経緯は先ほど申し上げた通りです。

鞍馬寺は長い間、天台宗の比叡山に属しておりましたけれども、戦後、先代の貫主が比叡山から独立するかたちで、鞍馬弘教を起こし、今は鞍馬弘教の総本山となっております。先代はもともと鞍馬にあった教えである「山を尊ぶ気持ち」を統合して、原点に帰ろうということを目指し、形としては新しい宗派を立てたようになっていますが、私たちは「鞍馬らしさ」に回帰したと考えているのです。

その特徴は、先代は「統一的世界觀實體集教」だと言っております。ちょっと言葉は難しいのですけれども、宗教の違いですとか、人種の違いですとか、国の違いとかを超えて、平たく言えばいろいろな垣根をすべて取り払って、本当に大切なもののために祈り、真理を求めることを提唱しているのです。もうひとつの特徴は「生活即信仰」とい

判官びいきの日本人には、鞍馬寺の名は馴染み深いのではないでしょうか。牛若（義経）は多感な幼少期に鞍馬寺に預けられ、遮那王と名のり修行に励みました。境内には、遮那王を偲ぶ与謝野寛（鉄幹）の歌碑があります。「遮那王が背くらべ石を山に見てわが心なほ明日を待つかな」。仏の道を選ばず、武人として悲しい最期をとげた義経を悼み、鞍馬寺では義経堂をお祀りしています。

洛北に位置する標高五六九メートルの鞍馬山の八合目あたりに鞍馬寺があります。鞍馬山一山が大自然の宝庫で、数えきれないほどの生きものが安らいでいます。また、遥か昔から老若男女が篤い祈りを捧げた浄域の地であり、平安時代より数々の文学作品に登場する歴史と文芸の香りが漂うお山です。京の人々は親しみと畏敬の念をこめて「くらまさん」と呼びます。

本殿前では狛犬ならぬ狛虎が聖域を見守っています。虎はご本尊の一尊である毘沙門天のお使いであることから「阿吽の虎」として崇められています。一対の虎の一方は口を開き、他方は閉じています。口を開けて発する「阿」は物事の始まりを表し、口を閉じた「吽」は物事の終わりを表し、「阿吽」で万物の初めと終わりを象徴します。

「洛北の奇祭」で有名な鞍馬の火祭は、鞍馬寺ではなく、鞍馬山山内にある由岐神社の祭礼です。鞍馬寺の神秘的な祭りとして、「五月満月祭《ウエサクさい》」が挙げられます。五月の満月の夜は天から強いエネルギーが注がれると信じ、満月に清水を供えて祈る儀式です。尚、ウエサクは日本では馴染みが薄いですが、東南アジアの仏教国では釈尊の徳を称え盛大に行われている祭典です。　（記・丸山弘子）

う言葉で申しておりますが、何か特別にお祈りしたり、修行したりとかいうことだけではなく、毎日「一日一日をどう生きるか」がすなわち宗教だということです。毎日、何を考え、何を見つめてどう生きるか、それを大切にしましょうということを世界中の人々と共有しながら本当の幸せに向かって進んで行きたいと願っております。ですから、本当は宗派とかそういうことは関係なく、みんなが本当の幸せのためにそれぞれのやり方で祈ればいい、ここでどんな祈り方をしてもいいのですよ、と先代は申しております。現在はその先代の意を酌んで、「すべてのいのちの輝く世界をめざして」という言葉で表現しています。

ちょっと付け加えになりますけども、先ほどの「生活即信仰」とも関わって、日本は仏の教えが長く続いておりますので、意外と生活の中に仏教用語がたくさんあります。まず私たち人間、「人間」という言葉も仏教語です。人の間です。もちろん「有り難う」というのも仏教用語。ここに存在するそのことが非常に難しいということです。稀有なことだと認識する。ここに存在していること自体の不思議さとか、あるいは有難さとか、ただ「ありがとう」といっていますが、そういうことです。病気して「入院」する、「入院」も仏教語です。垣根、囲いの中に入っていくということ、修行する人が院の中にいるということです。それから、「我慢」、よくみんな「辛抱しなさい！」「我慢しなさい！」と言いますけれど、これも仏教語です。自分を中心に、自分が、自分がという自己中心の我があることを考えなさいということなのですね。「業」は悪いことばかりで使われがちですが、「業」というのは行ない、働き、行為なのです。それ自体に良いも悪いもありません。このように、仏教語が生活の周りにある言葉として馴染んでしまって、意味などあまり考えないで使われてきたなと思っております。考えてみると不思議なことです。

そのことをお説きになったお釈迦様は仏陀、仏様、それは覚者、目覚めた人という意味なのですね。何に目覚められたか、宇宙の真理に目覚められた方が仏陀なのです。私たちも毎朝、目が覚めますでしょう？　毎朝仏陀になるのです。そうだったらいいのですが、なかなかそうはいきません。せめて目覚めて仏陀のような広く深い宇宙の心に結びつくことが思い出されたら良いなと思います。これからは自分の周りに境界や区切りをつけないで、もっと高い立場から全体を見る。育ててもらっている地球のすべて人々のこと、国も国境も越えたこと、それから人間だけじゃないものも見つめた上で物事を考えていくという心。それからすべてに調和して生きていこうとする心。そういう風に物事を踏まえて見ていくと良いなと思います。

今、仏陀や仏と言いましたけれども、人間の姿で、人間の言葉で真理を説かれるのが仏陀なのですが、その仏陀を遣わして下さったといいますか、派遣されたのは、もっともっと根源的な大きなお働き、本当の原点、鞍馬山で言うところの尊天です。私たちの周りに、「見」ではなく、「観」で深くものを観ていくと大きな働きがあることをしみじみと感じます。

❖つながり響き合う世界

このお山、自然環境が大変豊かでいろいろな動植物が生息しています。先代が詠んだ歌がありまして「つむなかれ、わが山の草ことごとく浄土の相をあらわして咲く」。一本の草木、それぞれが仏さまの世界を現しているのだという。鞍馬流に言えば、自然は尊天のお働きの顕現ということです。ですからお山では、花も虫も鳥もきのこも「自然はみんな天からの贈りもの」ということになるのですね。本当に自然は天からいただいた宝物だと思います。また「鞍馬弘教教条」には「天地自然は生きたる大蔵経なり」とあります。自然の相は仏教経典すべてであるという。自然は私たちの先生、お師匠さんなのです。自然の相を観ていると本当にいろいろなことを教えられます。私はお山の自然の中に暮らしていろいろなことを学ばせてもらいました。この豊かな自然環境から何を学び取るか、いつも自然環境は何かを発信してくれているのでしょうけど、それをどう受け取るかということが大事なのかなと思います。

では、どんなことを教えられるのでしょうか。例えば先ほどお上がりいただいた転法輪堂のところに石鉢があります。あの石鉢の石は鞍馬石といいます。七千万年前に地球の変動で生まれた石です。石としてはまだ若いのですけどね。私たちの周りに自分を取り囲んでいる世界というものは、その目で見れば、センサーを調整してみれば、何か並々ならぬ、「有り難い」、「有ること難き世界」ということをしみじみ思います。本当にそうなのですよ。その石と、今、出会う。七千万年もの命を生きた石ですよ。考えられないくらい長い年月を生きた石、そう思うと時の流れ、巡りというのは凄いと思います。それでもお山で一番若い石なのです。

鞍馬山は地学的には、日本列島の生い立ちを物語る場でもあると言われます。約二億五千万年もの昔、海嶺に噴出したマグマはプレートに乗って一億五千万年もの長旅をしてユーラシア大陸に到着しました。その表層がお山の地殻になっています。お山の参道で出会う自然石は遠い昔から長い長い旅を続けて鞍馬の山を安らぎの地としたのです。奥の院の魔王殿付近では、フズリナやサンゴ、ウミユリなどの化石も発見されています。何と二億五千年前の石に出会うことができるのですよ。有り難いことだと思います。

山中には太い大きな、年齢を重ねた木がたくさん生えております。皆さんこちらにいらして「立派な木ですね」と言ってくださいますが、それは地上から出た姿、目で見える幹とか枝とか茂みとかを見て立派だとお思いになるのでしょう。しかし、その立派な木になるためには、土から下の根っこが、枝が伸びているくらいに、大きく強く張っているのです。何が大事かというとまず根っこなのですね。種が一粒落ちてそれが命を育てるためには、まず根っこが出るのです。そして地面に固定されてから、初めて私たちが見ている三次元の世界に出て、枝葉を茂らせ花になり実になるのです。あまり根っこのことは気がつかないで、花が咲いたな、実が実ったなということが大事だと思ってい

いつも自然環境は何かを発信してくれているのでしょうけど、それをどう受け取るかということが大事なのかなと思います。

る。そのために育てると思いがちなのですが、根っこの方が大事だと思いますね。枝木が立派なものは根っこも立派です。見えないけれども、そこにいのちの根源というものを教えてもらうことができます。

それからもっと気がつかないことは、菌類だと思うのです。きのこです。きのこは菌類の花なのです。菌類というのはとても大事だと思います。すべてのものを大地に還元してくれます。そこからまた肥沃な土が生まれて、新しい芽生えが生まれてきます。そうすると、気がつかないけどもその働きというのはなくてはならないものです。私は黙って山や森のおそうじをしてくれていると思っています。

秋になると樹木が美しく錦をまといます。よくよく見ますと、とりどりに紅葉した葉っぱのつけ根に小さな芽が生まれているのです。散りゆく前に、次の世代を受け継ぐ芽をちゃんとととのえています。そして葉は土の上に散って、菌類の働きで分解されて、次代を育てる養分となります。春を、夏を、秋を愛でられる木々は、こうした地道な営みを続けているのです。本当に私たちは自然の相からいろんなことを学ぶことができます。

そして、自然から学ばせていただいたことをお山では「羅網《らもう》」という形にして表しています。羅網は珠玉をつらねた飾り網のことで、極楽浄土を荘厳します。鞍馬寺でも本殿に懸けて堂内を厳かに飾っているわけですが、この金属でできた飾りの一枚一枚が一人一人なのです。

人間だけではない、太陽も月も大地も、草も鳥も虫も。それをよく分かるように普明殿というケーブル乗場では森羅万象をデザインした羅網を懸けています。それも孤立しているのではなく、全部繋がっているのです。見えないところで、私たちが気がつかないところで繋がっている。だから、そのひとつを揺らすと向こうの端まで揺れが拡がってゆく。気持ちや心や行ないが響くのです。もしかしたら何気ない私たちのひとつの行為が、全然関係ないところに何かしらの形で及んでいる。決して一人ではない。みんな繋がっている。それが人間だけでなくすべての万象に響くということを羅網の世界は表しています。

人類の生命だけが尊いのではなく、地球に生命を得た多様ないのちが互いに照らし合い、支えあい、響きあってこそ、すべてのいのちが輝き、大生命の中に安らぐことができるのです。

❖巡るいのち

いのちは巡っています。いのちは全てそうなのですね。今も申しましたように、菌類が土に還して、そしてまた緑が芽生え、それを私たちは食べ物としていのちを頂きます。動物だけがいのちじゃありませんよね。野菜もいのちです。全部生きているのですから。それを私たちは「頂きます」という日本語の美しい言葉で「いのち、頂きます」と、いちいちいのちということは申しませんけど、ご飯の前に「頂きます」と言いますよね。いのちと働きの活力を頂いて、頂いたいのちの分もお山に尽くすようにお参りいたします、というような気持ちも込めて頂きます。そういうような巡りです。育った野菜を人間だけじゃなくて、動物たちも虫たちも鳥たちも皆頂いて、お互いいいのちの交換をし合いながら、この世の中が出来ているのだと思うのです。

まず、植物はお日さまと水の恵みを頂いて、自分の力で無機物から有機物を生み出すから生産者、動物は植物を食べたり、動物を食べたりしていのちをつなぐ消費者、生産者や消費者のいらなくなったものを土に返して肥沃な大地を生み出す菌類は分解者―還元者です。森林生態系でいのちがグルグル廻っています。この菌類の働きは大地の働きですね。大地は護法魔王尊の象徴ですから、護法魔王尊は破邪顕正、邪を正しいことに向かわしめるお徳がある、大地の働きそのものなのです。

水も巡っていますね。大地の懐から滴り落ちて谷清水となり、やがて大河となって海に集まる水は、太陽の熱と光によって姿を変えて上昇し集まって雲となり、雨となって大地を潤しながらすべての生命を育み、落ち葉や表層の土に沁み入り浄化されて、再び静かに流れ出します。いのちは巡っているのですよ。

いのちが廻るということについては形を持っていた方が良いと思いまして、ひとつの形として「トイレ」を作らせていただきました。私たちは天から頂いた宝物を何も考えず汚して捨てる。鞍馬寺には水道水がきていませんので、天然の水を引っ張ってきて頂いているのです。天からのもらい水です。水は大切ですから新しい水を使わずに、廻っていくトイレを開発してもらったのです。汚れた水を全部浄化して、綺麗にした水をまた流す水に使って。型は水洗ですけれども水を流しっぱなしではありません。みな還元して、新しく使う。注水システムというそうです。浄化する役割は菌類が任っています。ここでも巡る要は菌類なのです。これには科学の力を用いないとできません。昔だっ

地球に生命を得た多様ないのちが互いに照らし合い、支えあい、響きあってこそ、すべてのいのちが輝き、大生命の中に安らぐことができるのです。

たら桶を担いでそれを汲み取って、それを畑にあげてといたうことだったでしょうけれどね。それを今の世の中では出来ません。そこで人工的に科学の力によって、時を早めてグリグリと回して、回すというのは廻りですから循環させる。そして使わせていただく方も気持ちよく使っていただく、ということが出来たと思っております。

そのように考えたときに何が一番大切か、何を中心に、何を見つめて、私たちは生きてくか。皆さんが勉強されている環境の「環」という字は自分の周りに描く輪ですよね。環の言葉の中には廻るという意味も入っています。それから〝しんにゅう〟のある「還」はちょっと意味がずれるかもしれませんが、もっときつく「いのちが廻る」ということ、ものが廻る、元に帰ってくるという「還」です。ところで自分の周りの巡ることに関しては、自分が中心になっていると考えがちです。中心になるものは私たち、もっと言えば人間だけが中心でめぐっているのか、と考えたときに、お山の思い、願いというのとはちょっと違うのです。人間だけではなくて、いのちあるものすべてが巡ってゆく。全部が巡ってゆくと考えると、自然もその輪の中に一緒に入っている。そしてそれを包んでいる大きな宇宙の法則、動き、働きを感じてゆくと、自然に対する思いというものも変わってくるのではないでしょうか。事実、人間が生きるためにはいのちを頂かなくてはならない。そうすると共に廻っていくことの働きというものを、考えてゆくことが大事だと思っております。

鞍馬ではその大きな宇宙の働きを、「尊天」という言葉で申しておりますけれども、尊天のお働きの中に私たちも、生きとし生けるすべてのもの、みんなその中に一緒に含まれて廻っているという気持ちがするのです。そのことを踏まえて物を見る、感じる。たとえば鳥の声を聞いて、静かな時を持つと、深く親密に、物も自然も周りのものもみんな、目で見えるものだけではなくて心と心が見える付き合いというのでしょうか。それができるのではないかと思うのです。私たちが自然と接するときに心も体も低くして、小さな草もありますから上から美しいな、ではなくて屈んでみて、そして目の高さで語りかけるような気持ちで見ると、全く違う素晴らしい姿とか形とか香りとか、生きるいのちから発散する気が感じられると思うのです。自然と対するときは心も低く、身も低く道の草にも対しましょう。子供もそうですよね。上の方から「何しているの〜」というのではなく、同じ子供の高さになってみると、同じいのちの結びつき、それが通い合えると思います。

❖深く見つめる

日本の国にはたくさん緑があります。昔ほどではないですけどもまだまだ残っております。そして四季があって、春夏秋冬、季節が変わって環境が変わってゆく。とても豊かな環境、それを本当に大切にして、その大切な日本らしさを伝えていく大事な時代ではないかと思います。近年、人間はそういったことは後回しにして、便利さとか、楽に暮らそうとか、心はこびが偏ってしまった気がするのです。便利なことは良いことなのです。悪いことではないです。昔に戻せという訳ではないのですが、偏りすぎてしまうとバランスが崩れて、基本からガラガラと崩れていってしまう。その辺のところを今考え直して、皆様もなさっているそのお力によって変えていくことができれば嬉しいなと思います。

　自然豊かな日本の国に、神様とか仏様とかいう風なことを超えた何か大きな力、適当な言葉がなかなか見つからないのですけど、生かしていただいているお働き、鞍馬流に言うと「尊天」ということで楽なのですけどね。そういうものを感じて、感じてです。人間も小宇宙といわれるように、大きな天地の働き「尊天」のお働きから生まれてきた。そのひとつの形として存在しているものですから、基本的には大きな「尊天」の根源の力を感じるセンサーをきっと持っていると思うのです。ところが人間はその上に欲望の衣を被ってしまったものですから、被りすぎて、そのセンサーが鈍っているかもしれません。昔はもっと不自由でしょうから、昔のようになれとは言いませんけど、昔は周りのことを感じるセンサーは非常に強かったと思いますね。

　お山の宝物に経塚遺物という国宝があります。平安時代に後の経典を遺そうと埋納されたものが、百年くらい前から出土しました。その中に「青銅蜻蛉秋草蜘蛛網文鏡」があり、稲穂と共にトンボと蜘蛛の網が描かれています。無農薬でお米を作る人が言うには、夕方蜘蛛が田んぼに水平に網を張り、稲に来る虫を捕らえ、朝になるとトンボが飛んで虫を食べるらしい。昔の人は経験上、そういういのちの巡りのしくみを知っていた。センサーを立てて感じていた。薬を撒かずとも稲がちゃんと実ることに、畏敬の念で

人間だけではなくて、いのちあるものすべてが巡ってゆく。自然もその輪の中に一緒に入っている。

銅鏡に造形したのだと思いますよ。

元々あった日本本来の祈りの心、そういうものを感じる心を神と言ったのでしょうか。感じ方もいろいろあるでしょうけど、そういったものの後に仏の教えが入ってきて、それが長い間に融合して、神とか仏とかの区別なく自然の中で大きなお力を感じる、という風な生き方になっていたのですね。元々ある自然に恵まれた、四季の遷り変わりに恵まれた、そこから感じ取れる日本らしさというもの、それはきっと「和の心」だと思うのです。「和の心」をもう一度蘇らせるようなものの見方、周囲に対する感じ方をしてゆかなければならないと思います。「和の心」というのは字が示すように、ものを選ばない。相手を選ばない。すべてに対する大きな慈愛、愛です。それからまた慈愛の表れとしての水を大切にする気持ちもあったでしょうし、いろいろなところに力を感じる暮らし方、あちこちに神様や何かの働き、いのちを感じる生き方をしていました。お風呂やお台所とかお手洗いにも祭ったりしてね。そういう暮らしをしていましたね。そういう周りの力、神と言っても仏と言ってもいいかもしれません、大きな力の中に生かされていると感じる心が「和の心」です。

また「和の心」というのは調和の和でもあります。日本らしさでもあります。和の心を歌うというか言葉にして、和歌というのもありますね。短いですけど凝縮した思いを短い言葉にする。そういう短い言葉にした中でも、深い慈愛の心を込めた言葉が日本の心じゃないかなと、私は思うのです。その中には、物を「鋭く見る」「厳しく見る」「深く見る」という心も入っています。物を深く見つめていくというその態度、心というのは、短絡的かもしれませんが科学的なことだと思うのですよ。科学というのは物を深く見つめて、究明していくことですからね。

鞍馬山ではお山全体を自然科学博物苑と位置づけ、自然を大切にすると同時に、自然の調査に努めてきました。当初は非常勤の専門委員の諸先生が調査してくださいましたが、現在は常勤の職員が数名で経常的に調査観察、研究を続けており、その結果は霊宝殿と呼ぶ鞍馬山博物館の一階を展示室にあてて公開しています。霊宝殿の二階には文化財が、三階には仏像が奉安展示されているのですから、自然は宝物という考え方を実践しているわけです。また境内約二キロの参道の諸所に露出している岩石には、その石の説明板を立てて鞍馬山の地質を説明しています。山麓の普明殿には全山の七百分の一の模型があり、地形に添って生き物の観察地点が表示ランプで示され、山内案内をかねてなかなかの人気者です。二階には自然の写真が展示してあり、いのちの美しさや不思議を身近に感じてほしいと願っています。これからは自然観察やネイチャーゲームなども行なって、現代の人たちが自然と接する機会も増やしてゆきたいですね。

半世紀前に自然科学博物館が構想されたとき、「信仰のお山に科学のメスを入れるのは……」といった危惧に対して、先代は「すぐれた宗教的直感によって把握された宇宙の真理は、その正しさが科学的な究明によってますます裏づけられる」と申しました。私もそう信じています。殊に最近、遺伝子の解明や生態学の進歩が輪廻転生や縁起を裏づける、先端科学の進歩が仏教の真理にゆき当たる現状を見るにつけ、その思いはますます深くなっているのです。

しかし深く見つめて究明して、それを展示したり観察したりすることが全てなのではありません。自然科学はより深い世界へと目を向ける、参入するための糸口に過ぎないのです。誰にも否定することのできない自然科学を通して、還り巡るいのち、大調和してゆくいのち、宇宙大生命の真実世界、根源世界に包まれているすべてのいのちであることに気づき、本来の自分を取り戻してくださることが本義です。

私たちの毎日の生活のなかでものを感じる心、感じるセンサーを大事にすることはとてもいいことです。そうすると見えている世界ではなくて、そこにあるものと自分と、それこそ取り囲んでいてくれるものと深い心の繋がりが生まれてくると思っております。

❖めざめへの誘い

ほの暗い本殿、三尊尊天のみ前に五体投地して捧げる祈りは、「一心頂礼一体三身千手観音菩薩毘沙門天王護法魔王尊乃至十方法界常住三宝」に始まります。「十方法界」と唱えるとき、イメージするのは四方八方天地、私たちをすっぽり包んでいる世界なのです。目には見えないけれど、すべてのものが皆ともに包まれています。神仏、尊天の世界、別の言葉では氣（エネルギー）の世界、その世界に参じ祈りを捧げるのです。この十方世界は人間社会の環境にも通じると感じています。すべてのいのちを包む環境世界、巡り還るいのちの大法の世界なのでしょう。そこで私は、すべてが清められるように、すべてが慈愛に満たされるよ

「和の心」をもう一度蘇らせるようなものの見方、周囲に対する感じ方をしてゆかなければならないと思います。

瞑想の森、大杉権現社に続く木の根道

うに、すべての智慧の光明を輝かせられるようにと祈ります。

自然を敬い　自然に感謝し
自然と共に生き
自然に教えを聴き
自然の中に自分と同じいのちをみつける

草木や鳥　虫も菌も石も
互いに捧げ合い扶け合いながら
互いに摂取し合い消滅し合いながら
共に生きるいのちの環
めぐる大自然の環の中に
私たちも生かされている

大きな力　大きな働き
それは宇宙の大霊「尊天」
すべてのいのちと共に
「尊天」のお働きによって

私たちは生かされている

また、きのこや小さい蟻たち、動物たち、草も木も、みんな含めてそれぞれがそれぞれの力を発揮して、それが総合してお山の氣となり、活力、元気を送ってくれるということを含めてお祈りします。そういう祈りと願いの心が鞍馬であり、また先ほど申しました「和の心」にもあるのではないかと思います。共に生かされている命だということを感じること、それが「和の心」であり、皆様の行なっておられる環境の「環」にも通じるかもしれませんね。その心であれば尚良いなと思って願っております。

最後になりますけれど、このお山で静かな森に座して、ゆったりと深い呼吸をして、身も心も澄み渡って、真の智慧の光をみつめて、そして小宇宙なる私を母なる大宇宙に参入させる。そして深い深い宇宙の大生命の愛に包まれてということを感じてほしいと切に願っております。

（第一期早稲田環境塾「環境日本学を創成する」第五講座「文化としての環境」二〇〇九年三月、鞍馬寺）

共に生かされている命だということを感じること、それが「和の心」であり、皆様の行なっておられる環境の「環」にも通じるかもしれませんね。

法然院

法然院山門

日本人の宗教心

法然院貫主　梶田真章

❖仏教を捨て先祖教へ

お寺は七万五千以上、神社は八万くらいありながら、あなたの宗教はというと、私は仏教徒ですという方は少ないようです。日本人の宗教心を培ってきたのは、先祖教という信仰でした。亡くなった方を弔うと、先祖となって守ってくださる。この四、五百年間日本人が大事にしてきた宗教ですね。ご先祖様か村の氏神様、これが大事な方々でございました。身近な様々な方々に守られて私の暮らしがあるんだというのが、日本人の伝統的宗教心でした。ですから日本人が無宗教だというのは、宗教心がないという意味ではありません。特定の神様、仏様を信じていませんよ、という意味です。自分にとっては大事な方が身近に沢山いらっしゃるんだ、その方々に守られているんだ、というのが日本人の伝統的な宗教心で、それを先祖教と名づけたのが柳田國男先生です。

宗教を二つに分ける時は、通常、世界宗教と民族宗教に分けるのが一般的ですけれども、日本人の宗教心を考える時には、創唱宗教と自然宗教という分け方が有効となります。教祖がいる宗教なのか、教祖がいない宗教なのか。自然宗教というのは、滝とか山とかを信じる宗教という意味ではありません。自然発生的に成立した宗教。ですから、創唱宗教に対して自然宗教。教祖がちゃんといる宗教なの

か、教祖はいないけれど、なんとなく信じられてきた宗教なのか。その自然宗教として、先祖教というのがあった。今もあるというように考えたいと思います。

従って日本人が好きなのは、年中行事。初詣からはじまって、お彼岸、お盆、神社のお祭り、法事。なんでこんなに紅葉を見に来ていただくかというと、年中行事が好きだからです。花見も好きだし、紅葉狩りも好き、クリスマスも取り入れました。要はその季節にその行事に参加するという安らぎを培ってきた。ですから神道とか仏教とか決めないで、その季節になったら、初詣、お彼岸、お盆、春祭り、夏祭り、秋祭り、そしてクリスマス。クリスマスはキリスト教の行事としてとりいれたのではなくて、歳末の大事な年中行事として、家族や恋人や身近な方との絆を確かめる年越しの行事としてとり入れました。

除夜の鐘は個人の年越し、初詣は日本社会の年越しの行事。皆で年が越せたね、と喜ぶ行事。ですから、身近な方との絆、個人の年越し、そして日本人としての年越し。この三つのレベルで、クリスマス、除夜の鐘、初詣で年を越している訳であって、決してキリスト教、仏教、神道の行事をやっているわけではない、というのが先祖教からみた年末から年始にかけての行事です。

先祖教の成り立ちについて考えてみたいと思います。室町時代に日本人の宗教心がガラッと変わりました。室町時代以前は仏教が信じられていました。インド人の信じた六道輪廻。これが当たり前に信じられていました。神仏の存在も文字通り信じられていました。神仏なんかいないという人はいませんでした。いることがあたりまえだったので、地獄に行きたくない、極楽往生したいということで、念仏が信じられました。ですから死後地獄であがき、畜生の世界に落ちないために、落ちないように、死後の世界の救済が切実に求められるようになってきました。

これが室町時代以前の仏教徒だった頃の日本人の宗教心です。しかし、室町時代中頃以降、先祖教が急速に日本人の心を捉えまして、日本人は仏教を捨てて先祖教徒になっていきます。もう死んでも地獄に行くことは無いんだ。死んだら後の人に弔ってもらって、ご先祖様になるんだと信じてきた訳です。ですから、他の生き物に生まれ変わる心配はない、ちゃんと後の人が私の法事をしてくれたら、私はご先祖様になれる。このように段々と江戸時代を通じて日本人の先祖教という宗教心が確立していきます。

❖欲望達成の手段としての神仏

室町時代前半までは、仏さんに祈るのはあの世のこと。

法然院は東山三十六峰の一つ、五山送り火で名高い大文字山の西側に連なる善気山の麓にあり、清泉「善気水」が絶えることなく湧き出ています。

山門を入ると「白砂壇《びゃくさだん》」という白い盛砂があり、浄域に入ることを意味します。境内にはさまざまな植物が生い茂り、小動物が姿を見せるなど多様ないのちの営みが繰り広げられています。特に、春は椿の寺となり、秋は紅葉の寺となります。

静寂に包まれた法然院の貫主・梶田真章師は京都の環境運動を牽引するオピニオンリーダーです。師が嫌いな言葉として「自然と人間の共生」が挙げられます。説法などを通じて、師は次のように呼びかけています。

「人間は自然の一部以外の何者でもないのに、人間の周囲にある人間とは別個の存在のように自然を捉える西洋流の明治以降の悪癖は今すぐ改め、自然とは目に見える対象ではなく、自分自身も生かされている生き物同士の支え合いのしくみのことだという意識を取り戻したいです。私のいのちと他のいのちが個別に存在して共生しているのではなく、私が生きていること自体が他のいのちに支えられているという共生の姿なのです。他の存在と境界を持つ私のいのちなどというものは実はどこにも存在せず、毎日食事を通していただく全てのいのちは私の中で重なり合っています」。

師の意図することは、自分自身が多様な生きものとのご縁によって生かされていること、「人と自然の共生」ではなく、「人は自然の一部である」という自覚です。

哲学の道に面する法然院は、文人の墓があることでも有名です。京都を描いた谷崎潤一郎、『「いき」の構造』の九鬼周造、『貧乏物語』の河上肇などが眠っています。

（記・丸山弘子）

神さんに祈るのは、この世のこととちゃんと分業があったんですけど、室町時代中頃以降、極楽往生はどっちでも良くなりまして、この世でもっと幸せにして欲しいということになったので、仏様にもこの世のことをお願いしたいというようになりまして、仏様にも神様にもこの世のことを祈るということになってきます。

阿弥陀様という仏様は、極楽で待ってますという方なんです。阿弥陀様はもういらなくなりまして、お薬師さんとか、お不動さんとかお地蔵さんとか、こういった現世利益にちょっと効き目がありそうな方が江戸時代以降、大変な信心を集めてくることになります。浄土宗とか浄土真宗の人気が落ちまして、天台宗、真言宗のような加持祈祷をしてくださる、現世利益にも効き目のありそうな宗派が人気を得てくる。関東地方でいうと成田山とか川崎大師とか、両方とも真言宗のお寺ですけれども、お寺が初詣の方を沢山集めるようになってくる。この世で幸せにして欲しいということです。

もともとの神様へのお祈りはすばらしいもので、天下泰平、五穀豊穣でした。この世が、日本が平和で、食べるものが足りたらいいねと、それが正月の祈りだったんです。段々と個人の生活が安定してきますと、今年、私を幸せにして欲しいという祈りが、天下泰平と五穀豊穣に代わっていきます。

つまり、個人の欲望の達成の手段のために神仏を利用するという形に、江戸時代以降、なっていく訳です。その元を作ったのが、室町時代の農作物の収穫の増大。生活の安定。この世の理想的な人間関係の追求。儒教が取り入れられてくる。ですから江戸時代以降は君主への忠とか、親への孝、これは日本人の生活規範になってきますので、家を続けていくことが先祖教として一番大事なことになります。もともとの先祖教は村、共同体の宗教でした。お盆というのは村全体で村の真ん中に集まって、盆踊りなら盆踊りをして村の祖先をなぐさめた。これがもともとのお盆の先祖教だったんですが。

❖仏壇の普及で先祖教へ

それが江戸時代、各家庭に仏壇が普及していきまして、各家の先祖という意識が強くなります。この家を守って欲しいということになってきます。もともとはこの村を安らかにして欲しいということだったのが、この家を守って欲しいという先祖教になっていきます。先祖教には四つの特色があると仰ったのが、先祖教という言葉を作った柳田國男先生です。

一つ目の特徴は死者の霊がふるさと近くに留まっているということ。死んだ人は遠くに行かないよ。近くから見守っているよ。京都なら周りの山から見守っているよ。海の村だったら、海のほうから見守っているよ。もっと身近な草葉の陰から見守っているよ。これが日本人の伝統的あの世観になってまいります。極楽は西方遥かに遠い世界。そこに往生するというのは仏教におけるあの世観でしたが、日本人の先祖教では、身近なところから見守っていてほしいと思うようになる。草葉の陰ではちょっと気の毒すぎるので、最近では千の風になってほしいということになりました。あの歌が流行っているのは、日本人の伝統的宗教心にのっとっているからであって、極楽に行くんじゃないんだ、近くから見守って欲しいんだ。だからあの歌は日本人の心を捉えているんじゃないかと思います。

極楽に往生することは阿弥陀様と出会うということですから、常に阿弥陀様のお導きで安らかになっていかれる筈なんです。それが信じられなかったので、その辺にいらっしゃると思ってきたんです。だから一年に何回かは、私が拝んであげないと故人は浮かばれないと考えてきたんですね。本当に極楽往生が信じられたら、お盆はやる必要なかったんです。信じられて来なかったので、一年に何回かは、故人のことを弔らわなければならない。死んだ人を安らかにするのは、生きている人間の仕事だと、日本人はずっと考えてきました。

❖先祖教行事の数々

二つ目の特徴は、この世とあの世の交流は自由であるということ。特に交流の期間は、お盆とお正月でした。お盆の期間は今でも盛んに行なわれていますが、お正月の期間の方がもっと大事な期間だったかと思います。門松を立てるのは、先祖を迎えるためでした。氏神様を迎えるためでした。帰ってきて下さいという印に門松は立ててございます。

「つごもりの夜　亡き人の来る夜とて　たままつるわざは」、『徒然草』にある言葉ですが、大晦日の夜は亡き人が帰ってくると大昔の人は信じていました。そして一緒に年を越して亡き人、氏神様からいただくのが、お年玉でした。

もともとはこの村を安らかにして欲しいということだったのが、この家を守って欲しいという先祖教になっていきます。

新しい年を生きていくエネルギー、お年玉を先祖からいただく。あるいは氏神様からいただく。ですから昔は正月は一緒に年をとる大事な期間でした。数え年でございます。日本では誕生日はぜんぜん大事にされておりませんでした。正月にみんな一緒に年をとっていく。みんな一緒にひとつずつ年をとっていく。先祖教的な年のとり方でした。そこでお年玉をいただいてみんな新しいエネルギーをいただいて、一つ年をとって新しい年を生きていく。これが日本人の昔の暮らし方でした。鏡餅は先祖の魂のシンボル。分けていただくのが文字通りお年玉をいただくこと。お節料理は文字通り、お供えでした。お供えしたお下がりを正月に分けていただく。神様から力をいただくのがお節料理でした。正月は大事な神様やご先祖さまとともに年をとって、あるいは力をいただく期間であったと思います。それが忘れ去られまして、ちょとした休暇くらいになっているのは誠に寂しいです。

お盆で言うと七夕がご先祖を迎える行事でありました。宮中の七夕は、牽牛織女のお祭りです。中国伝来のもの。しかし日本の庶民の七夕は、先祖をお迎えする行事として行なわれてきました。七夕さまはご先祖さまのこと。七月七日はお盆の入り口の行事で七夕さまをお迎えしまして、山の村では送り火で山へ送り返す。海の村では精霊流しで海へと送り返す。山の方や海の方に死者の霊がいらっしゃると思っていたからです。

❖核心は故郷の水を手向ける

先祖教で一番大事なのは、墓参りの時に水を手向ける慣わしでございまして、この水にはこだわりがありました。亡くなった方が親しんだ水を手向けることが大事。そのことで、亡くなった方にちゃんとふるさとを覚えておいていただく。ふるさとに死者の霊を結びつけておく。これが墓参りの時に水を手向けるという先祖教的意味でして、その土地の水を大事にしてきた日本人としてその水を手向けることで、その土地に故人を結びつけておく。それが大事な慣わしだった訳です。誠に現在は不思議な国になりました。これだけ水が豊富にありながら、アメリカの水やヨーロッパの水を飲んでいらして、今やボルヴィックを手向けた方がよい方も出てきているかもしれません。

昔はその土地その土地の水を故人と結びつけるための水として墓参りの時に手向けるというのが、先祖教の伝統でございます。また先祖教では弔い上げというのがありまして、三三回忌でございます。三三回忌まで法事をしますと亡くなった方が先祖になれる、というのが日本人の伝統的宗教心でございます。ですから三三回忌までは、どうしてもしておかなくては、死者が浮かばれないと思われてきたので、お葬式から始って三三回忌まで法事をずうっと勤めていただけたので、七万五千以上ものお寺が残ってくることができました。

しかし先祖になった人がどうなるかと申しますと、三つ目の特徴として、死んでもなお二度三度生まれ変わってくる。使者は何代かしたら、今度生まれた子供は曾おじいちゃんの生まれ変わりということで、またその家に生まれて同じ家業を続ける。このように素朴に信じられていたみたいです。昔の日本には家業がございました。これはある意味楽だったかもしれません。これを継げば良い。現在は職業を選べるようになりました。選べる人にはいい時代ですが、選べない人にはしんどい時代になりました。現在の日本では、来年は今年と違うことをしなくてはならない。発想できる人には大変結構な時代になりましたけれど、発想できない人には大変しんどい時代になりました。そういう人達は漁業とか農業とかに戻られたほうが、かえって生きがいを見つけることができると思います。

❖なぜ花見と紅葉狩りか

なかなかそうはいかないところが、現代日本の社会のようで、誠にしんどいことでございます。次々と新しいことを考えていかなくてはいけない。情報化社会は人をしんどくしていることもあるのでないか。だからこそ、こうやって京都のお寺に沢山人が来ていただける訳で、同じ事を繰り返すことが暮らしなんだと、思い出していただける。そこに安らぎを見出している訳です。これが京都のもみじ狩りに来ていただけるということの理由であって、普段は次々新しいことに生きがいを見出していらっしゃる訳ですが、それだけでは疲れてくる。毎年同じ事を繰り返すことも結構いいことやなと思われて、これはもともとは我々の暮らしにもあったんではないかというように、記憶が呼び覚まされ、紅葉狩りとか花見が続いているのかもしれません。そういった先祖教で多くの日本人が生きてきました。

その土地の水を大事にしてきた日本人としてその水を手向けることで、その土地に故人を結びつけておく。それが大事な慣わしだった訳です。

❖失われた故郷と神仏

しかし、高度経済成長でこの宗教つまり先祖教で生きられない方が、増えて参りました。家が続いていかなくなりましたので。先祖教では故郷が大事でした。菩提寺の檀家として家が続いていくことが大事でした。そこにいると先祖と繋がっていると実感できること。これを日本人は、私の故郷と呼んでいました。しかし今やどこが私の故郷なのかが良く分からない方が増えていらっしゃる。いったい私が生まれたところなのか、おじいちゃんが生まれたところなのか、お父さんが生まれたところなのか、いったいどこが私の故郷なのかと思われる訳です。

昔は土地に結びついて家がずっとありましたので、ああここが私の故郷だと、そこにいたら先祖に守られて繋がっている実感を持ちながら暮らしていけるという安心感があった訳ですが、高度経済成長が、それを潰しました。家が同じところに続いていかない社会を作りました。ですから先祖教だけでは安心できなくなった方には、もう一度別の宗教が必要となってきています。それは仏教かもしれません。キリスト教かもしれません。

しかし現代は有難い事にご自身が愛していらっしゃる方、あるいは愛していらっしゃる仕事がございましたら、その方は充分救われていらっしゃるので、特に宗教はいらないと思います。このことで生きていけるという生きがいが見つかっている方は、この人のためならとか、この仕事に生涯をかけるとか、これがある方は別に念仏は要りません。この仕事が念仏の代わりになるわけです。愛する人が念仏の代わりになります。愛する対象がしっかりしていて、充分私の愛にその人が応えて下さっているときには、または仕事が応えてくださっているときには、宗教はいらないということになり、ときどき必要なのはまじないということになります。

私の人生、七、八割は満足しているんだけれども、この一割を何とかして欲しい。こういうお願いを神様仏様にぶつけられたときには、宗教心ではなくてまじないです。叶うかどうか分からないけれど、一応拝んでおくかということです。これは欲望達成の手段ですから、ままなる時もあれば、ままならない時もある。でも拝んでおくとちょっと安らぐ、一時しのぎになります。神様を拝みにいかれてもいいですし、占い師のおっしゃることを聞かれてもいい訳です。とにかくそういったことを信じたらちょっとは生きていられると思うことは、一時しのぎです。それが終わったら次のおまじないに期待する。次の占いを期待する。こういった繰り返しの人生もありうる訳です。

❖仏教は非常時の知恵

宗教は根底的に自分のあり方を見据えて、念仏なら念仏、座禅なら座禅を組むというように決める訳です。ここに本当は宗教とまじないの違いがあるんですが、日本では、まじないも宗教の一部と思われてきた経緯もあるので、これがややこしいところです。お釈迦さんは我々はなんで苦しいのかというと欲を持っているからだと、一言で片付けられました。要は我々が愛する心を持っているから、苦しみは無くならないのであって、苦から解放されたいのであれば、愛することを止めよというのがお釈迦様です。苦からの解放を説くのが仏教でございます。しかし苦と思っていない時には仏教はいりません。充分愛することを喜んでいる、人生は苦ではないというときには、別に仏教はいらない。お釈迦様が全員を仏教に引き入れられる訳ではありません。自分の人生が苦だと思っている人にとっては、お釈迦様が言ったことは意味があるということになります。

愛する対象がしっかりしていて、充分私の愛にその人が応えて下さっているときには、または仕事が応えてくださっているときには、宗教はいらない。

全員が仏教を必要とする訳ではありません。昔の人は苦だと思っていたので、ほとんどの人は仏教を必要としていました。現代の日本ではほとんどの人が、人生を苦だと思っていらっしゃらない。なので、非常時に必要な知恵が仏教でございます。なくて人生送れれば結構なことでございまして、もう死ぬまでこの仕事で生きていくことができたということは、誠に結構な人生で、その人には、仏教は要らない。せっかくこれが生きがいと思ってきたのに、そうでも無かったのかなというときに、仏教が役に立つことになります。ちょっと極端に言い過ぎているかもしれませんが。

❖他力本願とは——法然と親鸞

今日までのお寺の役割は、先祖供養と観光などでした。ぜんぜん仏教を説いてこなかった訳でございます。坊さんは仏さんの方ばっかり向いて、皆さんの方を向いてきませんでした。お経は唱えても皆さんへ仏教を説くことを怠ってまいりました。ですから他力本願という言葉自体が全く誤解されてしまって、他人の力をあてにしてこの世を暮らすという意味になってしまいました。

他力の他は、他人という意味ではなくて仏様という意味です。仏様の力を信じて仏様が私を成仏させてくださる。仏様を信じるという、信心で行きましょうという意味が他力本願という意味です。自力の方は、修行に生きることです。比叡山では自力の修行によって、悟りを開くということです。「私にはそれは無理なので、仏さんを信じて、仏さんの世界に行ってから悟らせていただきます」、というのが、法然、親鸞の教えです。極楽に往生してから成仏させていただく、それが私は嫌だという方は、比叡山や高野山や禅寺のように修行に生きるということです。修行に生きるのか、信心に生きるのか、選択できるのが仏教の有難いところです。私は修行できませんから、もともとの仏教でしたら坊主になれませんが、修行をしなくても信心を説くだけでよいと法然、親鸞が仰ったんで私でも僧衣を着ていられるということです。

仏教で一番大事な言葉は縁起です。全てのことは因縁によって起っているということで、これがお釈迦様のお悟りで、敢えて言葉に表さない。悟りは言葉に表せませんので、自分が修行で体験するしかないんですね。悟りの境地は本当は言葉で表せない世界だと思います。それでは訳が分からないので、縁起といわれたり、空といわれたり、無自性ということで、お釈迦様は全ての存在には、自ずからの本性は無いと言われています。現象としてはあるが、実体としては無いということで、私は確かにここにおりますけれども、この瞬間の私に過ぎません。変わらない私はどこにもないのです。私も諸行無常、変化し続けています。固定的な私はどこにもいません。私の本性はないのです。無自性です。これが空という意味です。ここに確かに私はおりますが、普遍の実体として私はどこにも無い。固定的な実体として私は何処にも無い。これを無我と申します。存在には実体は無い。例えばスポーツ選手に例えると、活躍している姿を基準に考えるので、ヒットを飛ばせない彼は、本来の彼ではない。本当の彼ではない、うその彼である、と思って私たちは固定的に物を捉えようとして暮らしている。それがこの世の迷いの原因だとお釈迦様はお諭しになりました。その時その時を認めよう、打てない時の彼も彼である。その時その時の存在は全てご縁による。すべて物事は現象としてあるのであって、変わらない実体としては存在しない。変化し続けているんだ。これがもののあり方であるとお釈迦様は仰ったのです。

それはそう思えない。普通の人間はなかなか実践できないことだ、と仰ったのが法然と親鸞です。この世で御釈迦さんの通りには悟れない。そんなことを本当に分かるのは向こうへ行ってからだ。この世では分からない。私なりに生きるしかない、と思ったら、人間は気楽に生きられますよと仰ったのが、法然と親鸞です。精神的に楽に生きられる知恵が宗教だと私は思います。

　こういう言い方をしますが、宗教はこんなもんじゃないと思う方には、全く答えになりませんし、宗教は自分を磨いて自分を変えていくためのものだということで、宗教は修行だと思う方には、全く何を言っているのかと思われるのが、法然と親鸞の教えです。

　しかし普通の人間は、修行しても自分を変えていけないんだから、このまま生きていくしかないんじゃないか。私は生涯このままである、変わることは出来ない。生涯自己中心的にこの私を生きるんだというのが、八百年前の法然、親鸞の人間観でございます。お釈迦様が仰ったことはもっともだけど、出来ないといったのが法然、親鸞です。今出来ないけど頑張っていこうというのが、修行に生きているお坊さんです。修行をすることに意味を見出していらっしゃる。法然、親鸞は修行しても無駄と言ったので、私は信心に生きている。無駄だといったのは、何もしないでいったのではなく、法然、親鸞も比叡山で修行した方でございます。自分はやってみたけれど、出来ないことが分かった。修行は無意味だと分かったので、信心に生きますとしたのが法然、親鸞です。

❖メニュー豊富な仏教

　これは選択ですから自分にとってどっちが正しいかではなく、自分にとってどっちが自分の宗教かということです。ということで、仏教はまことにメニューの豊富な宗教です。自分なりの信心を定めるという宗教です。自分なりに成仏への道を、自分で決めるという宗教です。

　キリスト教は唯一絶対の神様を信じるという宗教です。私が勝手に神様を取り替えることはできません。人間を作ったのが神様なので、人がいてもいなくても神様がいらっしゃるのがキリスト教です。仏教は人が悟ったのが仏様で、人がいないと仏様がいない。あらゆる仏はもともと人間です。阿弥陀様ももともとから阿弥陀様ではありません。もとは一人の修行者として修行した結果、修行が成就して

仏教で一番大事な言葉は縁起です。全てのことは因縁によって起っているということで、これがお釈迦様のお悟りで、敢えて言葉に表さない。

極楽を構えていらっしゃる方。

これはお経が説く物語でございます。それを信じるかどうかですが、物語は二千年前に出来上がっているので、これを信じるかどうかです。昔の人が作ったどの物語に、私が共感するか、それを信じていこうとするか、あらゆるメニューが揃っているのが仏教です。それぞれの信心を大事にしていこうという宗教です。

❖生き物との失われた関係

せっかくですから、自然と人間の共生について考えてみようと思います。

一体どういう意味で自然という言葉を使っているのか、辞書を引きますと三つの意味が出ています。アは、自然界とは人間を含めて宇宙と地球上の全ての存在。イは、人間界と対立し、それを取り巻く生物の存在。ウは、人間、生物を除いた無機的な世界。アの意味だと、人間も自然の一部であり、イの意味だと人間と自然の共生ということで人間界と自然界があるということになります。ですから例えば貴船の自然といった時に、そこに暮らしている人も入っているのか、人を除いた貴船の生き物のことなのか、あるいは貴船川の生き物を除いた貴船の土地のことを貴船の自然というのか。人の暮らしも入っているのか、人は除いているのか。人以外の生き物も除いているのか。各自どれをイメージしているのか確かめないと本当の意味が伝わらないのが、今の自然と人間という言葉ですね。ですからはっきりさせて使わないと、ほんとに伝わっているのかが、怪しい訳です。

ほんとは昔は私は虫だったかも分からない、と信じていくことが自分の生き方に繋がっていく。もともとの仏教における六道輪廻の教えは大事でした。

途中から日本人は六道輪廻の教えを失って、先祖教徒になったので、亡くなったらもう虫に生まれることは無い。先祖になる。また暫くしたらこの世に生まれ変わってくる。先祖になったり、また人に生まれたり。こういう循環になると途中から思ってきたので、回りの生き物との関係がそれ以後良く分からなくなった。

ですから、昔は「ご縁がありまして」というのは、きっと前世で皆さんと私は出会ってた。昔、皆さんと私は同じ虫だったかもしれない。こういう出会いが既にあったので、ここでまたお会いしました、ご縁があって、というのがもともとの日本語の意味。そういう因縁があって、出会うべくして出会いました。理由があって出会っている。初めましては仏教になく、絶対どこかで出会っていたからまた出会った。これが因縁。でも今、人生は縁があるか無いかではなくて、運がいいか悪いか。

先祖教徒になってから、運という言葉を大変便利に使う。前世も無いし、来世も無い。でも私は昔は何も悪いことした覚えも無いのにというのが今の日本人。良いことが起った時にはご縁があって、悪いことが起った時には覚えが無い方がほとんど。運が悪かったと仰る方が多い。

人生は縁があるかないかではなく運が良いか悪いか。前世も来世も無い。自分は何も悪いことはしていない。運が悪い。偶然そうなった。私の中にそうなる理由があり、因縁があった。それを仏教では業という。私が持っている業。行ない、行為。おぎゃあと生まれた時に私は白紙ではない、何かを背負って生まれてきている。これが八〇〇年前には当たり前に信じられていた。法然、親鸞、道元、日蓮の時代には。

過去世の行ないのことを宿業といいます。私は過去世の行ないに縛られている。私はこの世で何も悪いことをしていないのに、こんな目に遭うのは過去世の行ないが関係している。あるいは私はそんなことをする筈がないのに、何かのはずみにこんなことをしてしまうのは、宿業が働いている。私の心さえもコントロールできないのは、きっと昔の行ないが影響している。昔の人はこう信じ納得しようとしていた。でも現代ではそんなこと信じられませんから運が悪かった。

❖私の中にいる私の知らない私

私の知っている私の中には、私の知らない私もいる。これが仏教。特に法然、親鸞の仏教はそこを大事にします。自分のことでさえ全部自分でコントロールできない。私はいつ何をしでかすかわからない。これが私の生き方なんだ。これが法然、親鸞の言ったこと。私は愚か者、時々何するか分からない、自己中心的な損得で生きている、善悪で生きていない、だから何をするか分からない。これが煩悩と共にあるわたしという生き物、と言ったのが法然、親鸞です。

そんなどうしようもない人間だから、生涯わたしは自己中心的に損得で生きていく。誠に寂しい。いろんな宗派が

ほんとは昔は私は虫だったかも分からない、と信じていくことが自分の生き方に繋がっていく。もともとの仏教における六道輪廻の教えは大事でした。

法然、親鸞はその人が信じる信じないかは仏さんの力なので、私が信じさせることはできない、と言いました。阿弥陀様でさえその人を信じさせられない。

用意された。それぞれの方に相応しい道があるように。昔の人が様々な物語を工夫。どの物語を採用するのか。私は宗教としてどれを採用するのか。これが仏教でございます。

しかし仏教者も人によっては、私が信じることが絶対だというので、時々ややこしいことになります。仏教自体が争いの種になります。各宗派間の争いも日本では数多くありました。比叡山の坊さんが法然上人の墓をあばきに来ることもありました。日蓮上人の教えも比叡山から抗議されました。浄土宗対日蓮宗というのもございました。それぞれに自分が機嫌よく信じたらいいのに、人にも信じさせようとするから、おかしいことになる。

法然、親鸞はその人が信じるか信じないかは仏さんの力なので、私が信じさせることはできない、と言いました。阿弥陀様でさえその人を信じさせられない。どうして私が信じさせられるのか。しかしそういったタイプと違う坊さんもいらっしゃいます。私の信心を人にも絶対信じさせるんだ。人間は基本的に自分が正しいと信じることを相手にわからせたい生き物です。宗教も戦争の道具とされてきた。

それをしないためには法然、親鸞的には自分を愚か者と良く見定め、これが人間と見定めて、相手の自己中なところもまたいずれかの私であるかもしれない、いつ私もひどい人になるかもしれない、今のところは私はどうしても殺したい人と出会っていないので殺していないだけであると法然、親鸞は考えるんですね。「私の心が良くて殺さずあらず」。『歎異抄』にある言葉。私は殺したい人と出合ってないだけのこと。私の心は縁によってどうにでもなる。なぜなら私のことでさえ、全部私はわかっていない。

現代的に言えば、意識している私の他に無意識の自己がある。それを全部抱えているのが私なのでそれが悲しい、人という生き物。それを分かって生きていきませんか、というのが法然、親鸞の教え。

それは意志の弱い人間が言うことで、人間の心はコントロールできるはずだ、という人には向かない教え。そういう方は日蓮上人についていって下さい。最澄のように立派な修行に生きるということも用意されています。ですから法然、親鸞の他力本願の念仏を唱えますには、自分自身が愚か者で悪人であると自覚することがまず大事。自分を善人だと思っている人は、どうぞ修行に生きてください。悪

秋錦の法然院の庭

悲願はもともと他者のために悲しむことをいう。でも今の日本では、自分の願いを達成する願いというように変わってきた。

人だと自覚した人は、他力の信心に生きるしかないのです。こんな悪人を、阿弥陀様、何とかしてください、と言って生きるしかない。他力の信心が定まる方なのです。

善人と思っている方は比叡山のお坊さんみたいに、念仏も修行として捉える。比叡山の念仏は自力の修行。同じ念仏でも自力の念仏。法然、親鸞は他力の念仏。だから念仏しても私は変われる訳ではありません。このまま生きていくだけ。変われるのは浄土に行ってから。そう決めた方が普通の人間は精神的に自由に生きられる。自分に期待し過ぎない方がかえって精神的に自由に生きられる。

❖悲願に生きる

そんな私でさえ時々慈悲の心が起る。それはまことに不思議なことで、自己中で、愛する人のために、愛する仕事のために、家族のために、日本人である誇りをもって生きている私にも時折仏さんと同じような心、困っている人が無くなって皆安らかに暮らせる世界が実現したらいいなと。これが仏教が理想とする悲願に生きるということ。悲しい願い。仏様の心のこと。仏様は慈悲に生きている。他の存在に対して慈しみと悲しみの心を持って他者のために悲しむ、同情する。すべての生きとし生けるものを友達と思う。これが仏様。

我々は普通、愛に生きているので、煩悩と共に貪り、執着に生きている。これが普段は喜びの種、ときどき苦しみの種と変わる。ですから安らかに生きたかったら、仏様と同じ心で全ての人に友愛の心を持って、全ての方に同情して、全ての方が安らかになる世界を実現したい。この願いに生きる、これが悲願に生きる。これが仏教の理想。悲願はもともと他者のために悲しむことをいう。でも今の日本では、自分の願いを達成する願いというように変わってきた。他力そして悲願という一番大事な言葉の意味が変わってしまいました。坊主がずっと説法をサボってきたからで、これは日本の坊主の責任です。皆さんの方に向かって法を説いてこなかった。

こだわり無く慈悲の心を表現する。これが布施であり、布施というのはダーナというサンスクリット語、意味は施すということ。施す人をダンナさんというようになりましたが、もともとダンナ、ダーナ自体が布施という意味です。布施には法施と財施があって、教えを施すのと財産を施す。財産がなくても法を説けば法の施しができる。人に席を譲っても施し、無財施、財産のない施し。他人に優しい顔をするだけでも施し。和やかな気持ちにさせるだけでも施し。これが菩薩行。

　こだわりなく一杯のコーヒーを人にサービスできるか。相手がどう思うかを考えないでただただサービスできるか。やっぱりサービスしたら褒めて欲しいと思わないか。せっかく道を聞かれて教えているのに相手がお礼を言わないと腹が立つ。やっぱりなんか期待している。ほんとにこだわりなく出来る事を、できる相手に、できる形で、できる時にやる、ということが簡単なようで難しいのがこだわりのある人間。見返りを期待しないで返礼として、いつも生かされているお返しとして、私が支える対象に出来る事をできる形で出来るときにやる、ということが仏教の理想的布施である。言うのは簡単だがなかなかできない。全く期待しないでお返しできるのが理想。これが菩薩行。では菩薩として生きられるか。日蓮上人はそう仰るけれど、法然、親鸞は違います。

　最終的に仏教は悲願に生きることを理想としてきた。私たちは普通は愛に生きている。こだわっている限り安らかではない時はある。これがこの世。覚悟しながらでも私の中にもそういった優しい心があるので、そこに成仏の可能性があるというのも仏教。私の中にも仏さんと同じ心があるじゃないか。この世では花を開かせる機会はないかもしれないけれど、きっと花開く世界は信じたい。これが浄土を、と願われてきたことでもあるかもしれない。皆さんのテーマに沿ったことであったのか分かりませんけれども、与えられた環境の中で、私がどんな心を持って生きていくのか、ご参考のひとつになれば幸いでございます。

（第二期早稲田環境塾「環境日本学を創成する」第五講座「文化としての環境思想」二〇〇九年三月、法然院）

見返りを期待しないで返礼として、いつも生かされているお返しとして、私が支える対象に出来る事をできる形で出来るときにやる。

下鴨神社
式年遷宮

森に鎮まる大鳥居

環境と神道——糺《ただす》の森のもの語る

下鴨神社禰宜　嵯峨井　建

❖はじめに

神道は自然の中に誕生しはぐくまれてきた宗教である。この自然環境を離れて神道は無く、成立しなかった。山川草木、豊かな自然の中に神ありき、であって、自然と神道を対峙してとらえることはできない。神道にとって自然こそが本源的な環境であり、自然を破壊する環境で在ってはならない。豊かなる自然の保持こそが在るべき神道の姿であり、在り様である。神道のカミは、海川山野（『延喜式』祝詞）の自然の営みの中に生まれた。初めに言葉ありきではなく、はじめに自然ありき、その中に神はあった。

いま、文明の高度な発達のなかで人間自身の環境が問われ、危機感をもって環境破壊が問題視されている。環境破壊は文明のひずみである。そしてここに来て神道が再評価され、自然との一体関係が着目され、神道の内包する自然性が評価されている。しかし神道の立場からあえていえば、やや傲慢なものいいだが、はじめから神道は自然の中にあって、環境といわずとも自然性は自明のことである。いまさら言わずとも、はじめから自然と一体なのである。むしろ他宗教と比較して、とくに古典的宗教学は、神道のこうした自然性・原始性を原始宗教とみて、未開民族の宗教と同等に否定的にとらえてきた。いわく「原始宗教」だと。くわえて戦前の神道の在り様を「国家神道」、侵略宗教と

みて、ほぼ六〇年余り存在すら批判され続けてきた。率直にいって「何だ」という思いがある。近年の一転した一面評価は、神道側もにわかに対応しきれていない。

「神道と自然、環境保護思想」というテーマは大きく、さまざまな問題をはらみ、私には手に余る。そこで糺《ただす》の森を、歴史的に現代から古代にいたる見通しのもとで、糺の森を場として誕生し、生き続けてきた下鴨神社をフィールドに神道の環境問題をかんがえてみたい。

❖タダスの森

いったい、どうしてこの様な名前がついたのだろうか。タダス、とはきわめて厳しい名だ。神の坐す森であるから「ははその森」(秩父神社)のような優しい温かみのある名がつけられなかったのか。いっぽう、厳しい禁忌から出た「入らずの森」(気多大社)があり、これには侵入すると祟りがともなう。タダスの森はこちらに近いかもしれない。管見のおよぶところ、初見は『新古今和歌集』平貞文の歌である。

偽を　ただすのもりの　ゆふだすき　かけつつ　ちかへ　われをおもはば

ついで『枕草子』中宮定子の歌。

いかにして　いかに知らまし　偽りを　空に糺の　神なかりせば

平安の和歌ではタダスは偽りを糺す、正邪を質すのタダスである。また後白河天皇編纂の『梁塵秘抄』に「賀茂の厳神、松尾の猛霊」とあるが、これをゴンシンとよぶのが通例だ。オゴソカともよむが、厳重、厳格の厳であって、文字通り厳しい意味である。

名は体をあらわす。いったい賀茂の神とはいかなる神なのか。タマヨリヒメ命とタケツヌミ命。タケツヌミ命は、おぼろげながら正史『日本書紀』は日本の国家統一の折、神武天皇をたすけたとしるす。タマヨリヒメ命はその娘であって、鴨川の水辺で丹塗矢を拾い上賀茂社のワケイカヅチ命を生んだといううるわしい姫神である(『山城国風土記』)。この二つの古伝承から親子の神々に厳しい糺の森のイメージはない。

しかし古代において、しばしば神はタタリの神としてあらわれる。神は人間が誤ったとき祟りをなす。たとえば斉明天皇が宮を移すとき朝倉社の木を伐ったところ「神忿」

賀茂御祖神社（下鴨神社）は、平安遷都以前からの最も歴史ある神社の一つです。初めは京都盆地で勢力をふるっていた賀茂氏（鴨氏）の氏神として奉斎され、平安遷都後は王城鎮護の社として、伊勢神宮に次ぐ格式を誇り、朝廷をはじめ公家や武家からも尊崇されました。

平安京が「四神相応」の思想の基に建設されたことは前記しましたが、賀茂御祖神社は東の「青竜」である賀茂川と高野川の河合、つまりメソポタミア（「二つの川の間」の意）に座し、命の水を司る平安京の要でした。

祭神は賀茂《かも》建角身命《たけつねみのみこと》、と玉依媛命《たまよりひめのみこと》。神武天皇の東征に際して、賀茂建角身命はヤタガラス（八咫烏）に化身して神武天皇を熊野から大和へ導いたと言われます。チームを勝利へ導く使いとして、ヤタガラスは日本サッカー協会（ＪＦＡ）のシンボルマークとなっています。賀茂建角身命は導きの神であり、玉依姫命は縁結びや水を司る神として、古より人々の崇敬を集めています。

賀茂川と高野川が合流する地点の三角州が社叢の「糺の森」です。広大な森林は山城の原生林の面影をとどめ、古代祭祀の遺構も発見されています。清水の涌く、神の鎮まる森は、神と人との交感の場となっている気配が伺えます。

賀茂御祖神社は下社、賀茂《かも》別雷《わけいかづち》神社《じんじゃ》（上賀茂神社）は上社と略称し、両社で賀茂社と総称します。賀茂社と言えば、賀茂祭が名高いです。欽明天皇の御世からの祭りで、祭儀に双葉葵を用いたことから、江戸時代以降「葵祭」と呼ばれるようになりました。古典文学にも祭りの様子が描かれ、『源氏物語』（葵の巻、第五段）では葵上と六条御息所との祭り見物における車争いや、『徒然草』（第一三七段、第一三八段）では葵祭を例に祭りの模様を面白おかしく伝えています。長い歴史の中、戦乱や災害による祭りの中断があったものの、現代に至っても葵祭の王朝絵巻は脈々と続いています。

賀茂御祖神社は賀茂別雷神社とともに、一九九四年世界遺産（文化遺産）に登録されました。建築（お社）のみならず、境内の糺の森や背後の文化遺産も含みます。

盆地特有のうだるような京都の夏ですが、糺の森に駆け込めば、一転、涼やかな風が吹き、市民に涼をもたらします。糺の森は都のオアシスの役目も果たしているようです。

（記・丸山弘子）

神への怖れ、謙虚さ、忘れてはならぬ神へのおもいが糺という厳しい名をこの森に与えた。

により火事や病、死者がでた（紀、六六一）。この類例は、東寺の造営に際し稲荷の木を伐ったとき、大阪の生玉さんの木を伐ったとき、いずれも祟りがあった。鴨社でも類例がある。平安京が創設されてまもない大同二（八〇六）年、都の北部の山に火災が発生し煙が充満し、洛中が昼に黄昏のような状態となった。トったところ賀茂神の近くに山陵地を定めたためとの結果がでた。これを停止し祈ったところ火は消え、以後北辺に陵を設けることは禁止された。たとえ天皇陵であっても賀茂社周辺は神域として憚れたのである。鴨社は文明の乱で本殿を焼失したが文明二（一四七〇）年禰宜・祝が窮状から糺の森の神木で造営することを朝廷に願い出た。しかし神木を伐ってはならず、そこで武家の寄進を朝廷は約束する。今度は朝廷側が鴨社側を制止したことになる。

　このように神への非礼、とりわけ神木への侵犯には祟りとなって神威をあらわす。邪なるもの、悪しきもの、偽りに対して厳しくタダスのである。神への怖れ、謙虚さ、忘れてはならぬ神へのおもいが糺という厳しい名をこの森に与えた。神地の樹木は神のものであり、絶対に伐ってはならぬ。神は森の裡にある――これが神道の古代から一貫した姿である。

❖科学のメスの入った糺の森

植生調査

鎮守の森にしては明るいのが糺の森である。ふつう昼なお暗いというのが鎮守の森のイメージである。なのにこの森は明るい。樹種は欅《けやき》・椋《むく》・榎《えのき》などいわゆるニレ科を中心とした落葉広葉樹林に、椎《しい》・アラカシ・楠《くす》など常緑広葉樹をくわえた森である。だから新緑時から十月までの半年間は緑の葉に覆いつくされるが、十一月に紅葉がはじまり、やがて葉を落とし枝ばかりの林になる。外界から騒音が入り更に明るい森となる。ちなみに葉の茂った夏、森の中と下界の温度差が一～二度低くなり涼しく感ぜられる。

　糺の森は平安京の開拓以前、あるいは都市化以前の景観が残り、山城原野の植生をとどめるとされる。昭和五十七年糺の森顕彰会が設立され、森林生態学の四手井綱英グループによる糺の森の調査（一九九一～）が開始された。

賀茂川と高野川の合流点。これより下流を鴨川と表記する。

直径一〇センチ以上の樹木は五六種、三四四九本。幹まわり一メートル以上が三三本、しかし五二年前（一九三九）には九七本あった。この間六四本もの大木が枯れ、六六パーセントの枯死率だった。病んでいる糺の森、というのが診断結果だった。その原因は①古木の老齢化（後継樹の不足）②楠の植樹によるニレ科樹木への圧迫（人為による植生の改悪）③踏圧による土壌の固結化（人・車の進入）④地下水位の低下（高野川の改修による水位低下）という結果がだされた。その対策として、①には市民参加の植樹運動（一本植えでなく寄植えが成功）②楠の伐採の意見もあった（四手井綱英）③人間空間と聖空間の線引きと土壌改良。④枯川の復活、などがとられた。資金面では公益法人糺の森財団の支援、国の助成金、京都市の緑の基金などを得て植栽がおこなわれた。市民の寄付により多くのニレ科の成木も毎年植えられた。近年のデータでは直径一五センチ以上が四七〇〇本という結果がで、戦後、森の各所にみられた裸地も枝木が植えられ緑で埋められる状況となった。官民あげての植樹運動が功を奏したといえよう。

　なお、近年の研究で、なぜ糺の森が明るいかについて、古代より長いスパンでみるとき、糺の森は鴨川と高野川の三角洲にあってたびたび河川の氾濫にあった。その結果、撹乱によって植生の常緑樹化が止まりニレ科が優占する落

糺の森の中に鎮まる下鴨神社社殿群（下鴨神社提供）

葉広葉樹林が維持された、つまり明るい森となったという研究がでている。

発掘調査

糺の森整備計画の前提として、事前調査のため発掘調査がなされ、トレンチは全域で約二〇カ所におよぶ。一二・四ヘクタールという広大な面積からみれば、その一部にすぎない。歴史環境の点で注目されたのは、平安期流路の発掘で、現在の奈良の小川の南約二〇メートルをほぼ並行する。この流路跡は土器から平安中期のせせらぎで、両岸から五カ所の石敷き遺構があって、水辺の祓所と推定された。川幅約一〜二メートル、ほぼ東西に流れ、沈殿物のないきれいなせせらぎであったという。じつは糺の森にはこの奈良の小川、瀬見の小川、泉川が貫流している。これらはすべて高野川水系の支流で、鴨川水系の一部は洛北地域の都市化によって寸断され、戦後完全に糺の森に届かなくなってしまった。

水路という点で環境変化はいちじるしい。たとえば一時、蛍も絶滅したが、神社の努力で近年ふたたび甦った。さらに平安期流路には水が通され、せせらぎが復活した。

さてここで、水をめぐりぜひ思い起こしたいことがある。鴨社には水にまつわる古伝承がある。京都について最古の史料『山城国風土記』（八世紀前半）に、大和から移ってきた祭神タケツヌミノ命は現相楽郡の岡田を過ぎた処で鴨川の上流を見晴るかし、つぶやいたという。

「狭《さ》小くあれども、石川の清川《すみかわ》なり、と。よりて名づけて石川の瀬見の小川といふ。その川より上りまして、久我の国の北の山基にしづまりき。その時より、名づけて賀茂といへり」

私はこれを鴨社の御鎮座伝承と考えている。なぜ、糺の森の地に鴨社ができたか。それは、せせらぎは狭い小川だが、川底の小石もきれいな、なんと清らかな川だろうか、という神のつぶやき。糺の森の清らかなせせらぎ――この一事で鴨社の聖地は決まった、とおもう。ここだ、と大役を終えたタケツヌミ命が永遠の住まいと決めた清らかな水と森の聖地、糺の森、との宣言。かくて糺の森が鴨社の親子の神々が静まる聖地となった。この神々を祖先神＝氏神とあおぐカモ族たちはその周辺に住み開拓をすすめた。

あらためて考えてみたい。八世紀前半に成立した『山城国風土記』のしるす豊かな水と森の古伝承と、さらに二世紀後の発掘されたきれいな平安中期のせせらぎは変わらざる糺の森の状況である。

なぜ鴨社はこの地に祀られたのか、神社はいかなる場を選んで成立したのか、そして神道と環境の関係について、糺の森の事例は神道の本源的姿がどうであったかを如実にしめすものであろう。神道と環境は対置して考えられない。なぜなら神道は豊かな自然環境の中から誕生した民族宗教だからだ。

（第四期早稲田環境塾、二〇一〇年九月、下鴨神社）

参考文献

森本幸裕「糺の森の樹林学」四手井綱英編『下鴨神社糺の森』ナカニシヤ出版、一九九三年

神道と環境は対置して考えられない。なぜなら神道は豊かな自然環境の中から誕生した民族宗教だからだ。

貴船神社

水を神と崇め、参拝者が身を清める聖水の場

神道の教義に内在する環境保護思想

貴船神社大宮司　高井和大

❖神道は感じる宗教

神道にはこれといった教義はない。宗教の大雑把な定義は開祖、教祖がいること、教義、教えがあること、儀式があることとである。神道には開祖、教祖がいない。教義、バイブルがない。あえていえば『古事記』、『日本書紀』が教義にあたるものかと思う。しかし、そういう性格のものではない。神道は果たして宗教といえるのか。

明治時代、神道が国家神道になろうとするときに、神道は宗教であるのか疑義が生じた。結局、神道は宗教にあらず、「国家の宗祀《そうし》」である。ただ祀りをする場所である、という形で国の管理の下に置かれ、神職は説教をしてはならないとされた。神道の布教活動を国から禁じられた。戦後は国家と神社の関係が絶たれ、宗教法人という枠の中で今日に至っている。

元国際日本文化研究センター所長で宗教学者の山折哲雄さんが、宗教には信ずる宗教と感ずる宗教があって、神道は感ずる宗教であると仰っている。信ずる宗教は、キリスト教、イスラム教などの一神教で、神の存在を信じるか信じないかが根本である。ところが日本では異なる。江戸初期の伊勢の神主の出口延佳《のぶよし》は「なにとなくただありがたき心こそ　伊勢の内外の神の道なり」と詠んだ。なんとなく有難い心、それが神の道だと言っている。また、平安末期

の歌人西行法師は、伊勢神宮にお参りして「何事のおはしますかはしらねども　かたじけなさになみだこぼるる」と詠んでいる。誰も何も言わなくてもかたじけなくて、思わず手を合わせてしまうのだということで、これが神道ということだろう。

❖自然の中に神の気配

神道は自然の中に神の気配を感じる信仰である。日本は温暖で自然は豊かで、私たちは自然の恵みをいっぱいいただいて生活している。ときには恐ろしい災害が起こるが、その時には畏れ慎んで我慢していれば治まる。自然は怖い反面、沢山の恵みを与えてくれる存在である。だから畏れ多いといって自然を崇めてきた。人々は自然界の働きに、人間の力が及ばない何か大きな力を認識し、感じてきた。有難い、畏れ多いといって自然を崇めてきた。世の中の隅々を照らす太陽を「お日様」と尊称し、山には山の神、木には木の神、水には水の神、海には海の神、草や石ころにも神々の働きを感じて、感謝と祈りの生活を捧げながら暮らしてきた。民がこのようなことを共通に感じてきたので、神様とは何か、の説明はない。これをアニミズムという。アニミズムというと原始未開の遅れた宗教であるという人がいるが、私は、神道は洗練されたアニミズムだと誇りにしている。神道に教義がないということはそういうことである。だれが始めたわけではないので、教祖はいない。環境問題を考えて行くうえでの視点がそこにあるのではないか。

❖水の神様を祀る

全国に貴船神社という名前の神社は、宗教法人になっている神社で約五〇〇社ある。宗教法人になっていない神社も沢山ある。

貴船神社には水の神様が祀られている。水は自然そのもので、ここでは神として崇められている。そういうことから神道とはどのような宗教か感じてほしい。

ここは京都の都の水源地。貴船神社は、鞍馬山と貴船山の谷間に鎮座している。そんなに高い山ではないが、非常に険しい山である。現在では京都市の中心から電車、車で、わずか三〇分くらいで深山幽谷の世界に入ってこられる場所に位置している。京都の奥座敷といわれている。氏子はたった二二軒しかないが、そのほとんどが料理屋さんで、貴船の川床料理は夏の風物詩として全国的に有名になっている。鴨川の河畔でも床を出すが、川から高いところに出洛北の貴船神社の創建は極めて古いです。平安遷都以後、この地が賀茂川の水源地域の一つに当たることから、「水を司る」として崇敬されました。朝廷からの尊信はことのほか篤く、天皇は勅使を遣わし、旱の時は黒馬を、長雨の時は白馬を献じて雨乞い、雨止みを祈願しました。これが後の絵馬の発祥となります。

貴船の社名は、古くは降った雨を蓄える樹木を育てる神として「木生嶺《きふね》（根）」と呼ばれました。又、大地全体から「気」が龍のように立ち昇るところ、気の生まれる嶺であることから「気生嶺《きふね》（根）」とも呼ばれました。このように貴船の神は「水」と万物のエネルギーである「気」を司るので、古来より人々は「気」が充満すれば物事が上手く運ぶと信じ、開運を求め参詣しています。和泉式部は恋を祈り、源義経は源氏再興を祈願しました。

貴船神社の本宮から奥宮に至る貴船川沿いの料理旅館では、夏になると「川床《かわどこ》」が設けられ、涼しさを満喫しながら鮎などの川床料理が味わえます。一方、洛中の鴨川沿いでも「床」を張り出しますが、「床」の読み方が違います。貴船では「床」を「とこ」、鴨川では「ゆか」と呼びますので、貴船の川床《かわどこ》に対して、鴨川の納涼床《のうりょうゆか》となります。

七月七日の「貴船の水まつり」は水恩感謝と水の恵みを祈念する祭礼で、料理店など水を生業に使う業界の人々が集います。神事の後、献茶式、舞楽、そして、生間流《いかまりゅう》の式包丁（魚に手を直接触れずに調理する儀式）が古式にのっとり奉納されます。

秋、京都では秋明菊のことを貴船菊と呼びます。境内及び周辺では貴船菊が楚々と咲き、茶人が愛用します。

（記・丸山弘子）

貴船の神は神代の昔に、多くの神々を従えてそこへご降臨になったと伝えられている。

すので全く風情が違う。ここは手を差し出したら川面に届く位置に床を出す。京都の街中よりも五度くらい温度が低い。また春の新緑は素晴らしい。毎日山の色が変わっていく五月のゴールデンウィーク前後は、体の中まで緑色に染まるような瑞々しい気分に包まれる。

　石走る垂水の上のさわらびの萌え出ずる春になりにけるかも
　　　　　　　　　　　　志貴皇子（『万葉集』巻第八）

　萌えいずる春の悦び、自然の恵みに「気配」を感じて歌い上げたのではないか。「気配」は本論のキーワードであると考えている。

　貴船神社の創建時は明らかでないが、有史以前からの大変古いお社である。貴船山の真上に古代祭祀の磐座がある。大きな三つの岩から成っていて、貴船の神は神代の昔に、多くの神々を従えてそこへご降臨になったと伝えられている。社殿が建って神社としての形態が調ったのが、今から一六〇〇年昔という御鎮座伝説がある。

　第一六代反正天皇の時代に、大阪湾に船に乗った女の神様（玉依姫）が現れて、「私が上陸したところの神様を大切にお祀りすれば、それは水の神様ですから、国土を潤して庶民に福運を授けましょう」というお告げがあった。その伝を聞いた天皇が遣いを出され、その船に従わせていったところ、船は淀川、鴨川、貴船川を遡って、本宮から五〇〇メートル上流の、現在の奥宮の傍から滾々と水が湧き出るところがあって、そこに船を泊めて上陸され、水の湧き出す上に社殿を建てたのが、貴船神社の始まりだといわれている。奥宮の御本殿の下は、今は、水は湧き出していないが、水の神様、龍神様が潜む龍の穴、貴船龍穴という龍穴の上に社殿が建っている。いわゆる御神体のようなものだ。そこに、御本殿が鎮まっておられる。その時に乗ってきた船が黄色の船だったので、「黄船」と言うようになったという地名説がある。船は人目につかないよう小石で覆いつくしたという。奥宮の拝殿の横に船の形をした石の塚が残っている。舟形石といい、その中に玉依姫様が乗ってこられた黄色い船が納められているといわれている。

　神社の創建は伝説でしか分からないが、平安期以前からのお社であるというのは間違いがないようだ。京都に都が移されたのが延暦十三年（七九四）年で、その二年後の延暦十五年に鞍馬寺が創建された。その縁起は貴船明神のお告げであったといわれている。当時、貴船の神様の勢力は充分知れわたっていて、鞍馬山、貴船山は太古から信仰の山であるということがわかる。

❖四神相応の地、平安京

京都が平安京に選ばれたのは、古代中国で考え出された「風水思想」の都市計画理論によったといわれている。その風水思想によると、都に適した土地は四方を四神に囲まれた四神相応の地である。四神は東が青龍、水が流れている。南は朱雀で窪地、湿地がある。西は白虎、大きな道が走っている。北が玄武、山々がある、ということだ。それぞれに神様がいらして都を守る。それぞれにツボがあり、そこから大地のエネルギーである氣が湧き起こるのだと考えられていた。

京都は三方が山に囲まれていて、風水思想には理想的な土地である。特に貴船、鞍馬は重要な場所であった。京都府立大学本田昭一教授（現在名誉教授）が、「玄武の会」という会の会報に、「風水思想ではこの北の山々から万物のエネルギーの元である氣が平安京に流れ出ている。だからここは吉祥の地であり、都が長く栄えると考えられたのである」と書いておられる。また、八坂神社の前の宮司の真弓常忠さんから教えていただいたのだが、風水思想では大地の旺盛なエネルギー、氣は龍に見立てられた。龍穴は大地のエネルギーのツボ。東にあたる青龍の位置は東山にあり、その山麓に四条通りの八坂神社がある。そこが青龍のツボにあたる。八坂神社の本殿の下にも龍穴があり、深い井戸がある。南の朱雀の地は、今は干拓されてなくなっているが、巨椋池という大きな池があった。西の白虎は、大きな道が走っていて、これは山陰道にあたる。そのツボは八坂神社から四条通りの西の端に松尾大社。そこにも亀の井という湧水が出ている。玄武の地のツボは貴船神社の奥宮にある龍穴で、貴船神社から発した大地のエネルギー、氣は貴船川、鞍馬川、鴨川を下って都に注がれた。貴船はまさしく氣が生ずる根源の地ということで、氣、生、根と書いた。きふねと読める。貴船の地名説の一つである。

京都は三方が山に囲まれていて、風水思想には理想的な土地である。特に貴船、鞍馬は重要な場所であった。

❖火神、水神、起源の地

貴船神社のご祭神は、高おかのかみと闇おかのかみ。おかみというのは雨冠に口を三つ書いて下に龍と書く（龗）。お水の湧き出すところという意味で、高おかのかみは、高いところから水を湧きださせる神である。お参りいただいた神殿の石垣から太古よりいい水が湧き出ている。闇おかのかみの闇というのは、暗い深い谷底という意味で、暗い深い谷底から湧き出している水である。本社には高おかのかみ、奥宮は闇おかのかみが祀られている。名前は違うけれども同じ神なりと林羅山は言っている。

おかみという字の雨冠の下の口は、お祭りの土器を表している。つまり龍神様にお祭りをして、降雨を祈っている姿。雨を降らせたり、雨を止ませたりする神、水の神だが水そのものではなく、水の供給を司る神である。昔はもっと庶民に親しまれていた神様で『万葉集』、『古事記』、『日本書紀』にも登場する。

その記紀には、おかみの神は燃え盛る火の神様（迦具突《かぐつ》智神《ちのかみ》）の中から生まれたということだ。伊邪那美命が最後に火の神を生み、その火に焼かれて亡くなってしまう。伊邪那岐命は大変悲しまれて、火の神様を憎いと思って三つに切り刻んだ。その一かけらから水の神様であるおかのかみさまが生まれた。諸説はいろいろあるが、私は自然の大きな循環を考えると、燃え盛る火は、扱い方を間違えると大変な災害を招く。その災害を防ぐのは水しかない。燃え盛る火の中から水の神様が誕生して、そして火を鎮めたと解釈するのが順当ではないかと考えている。

私たちは一般的には家庭の主婦のことをおかみさんといっている。これはこの「おかみのかみ」が語源である。家庭において水回りを取り仕切る女性が、おかみという言葉に伝えられてきたということだろう。

❖自然の恵みと災厄

都の人にとって生活の基盤である鴨川は、昔は大変な暴れ川だった。九五〇年ほど前に白河法皇が自分の意のままにならない天下の三大不如意として言っていたことがある。ひとつは、比叡山の山坊師、二つ目はさいころの目、三つ目が鴨川の水と挙げた。

五〇〇年ほど前、都に疫病が流行り子どもが多く亡くなった。天皇が哀れに思い、占いをさせてところ、これは貴船明神の祟りであるということで、除疫を祈られて、都の子どもたちに神輿を担がせて洛中を走らせて貴船の神様

貴船神社拝殿

を大いに祀ったところ、疫病が止んだという記録もある。

何故疫病に貴船の神かといえば、疫病は水の汚染から伝染するので、貴船の神様を祀った。水は伝染病の根源という意味から、水を汚すと祟りがあると恐れられている。都の人々にとっては、生活と密着した鴨川の源流の水源の神は、命の源であり、怒れば洪水をもたらす神であり、汚すと疫病をもたらす神であり、有難い神でもあり畏れ多い神でもあった。

貴船の神様は、神様の語源になった神ではないかと思われる。そもそも神という言葉の語源は川上の上、と一般的には言われている。神社の形態が調わない時代には、神様は普段は山にいらっしゃる。春になると里に降りて田畑の耕作を見守り、秋の収穫が終わるとまた山に帰ると考えられていた。普段は山にいらして、事ある時は特定の場所に神様に降りてきてもらった。

実際に山から何が来るのかというと、それは水である。山から流れてくる水は田畑を潤しあらゆる命を育む。時には恐ろしい破壊力、洪水になって大量の土砂が流れてくる。その土砂も大変肥沃な土で、田畑の土を入れ替える。そこでまた豊かな実りを起こす。山の落ち葉、獣の死骸、排泄物は豊かな土壌を作る。これらが上流から流れて来る。川上からは色んな恵みがやって来る。

桃太郎の話も、川上から不思議な桃がどんぶらこと流れて来る。川上の不思議な力をあそこで表現していると思う。その水は、深い深い山の中の暗い暗い谷底から汲めども溢れ出てくる。こんな不思議なことはない。川上の深い山には何か不思議な力がある。

川上の暗い暗い谷間の隠れた場所。古語に隠《かく》むという動詞があり、それが、くむ、くま、かむ、かみに代わったというのが国語学上の定説になっている。また、川上の「上」も同じ意味で「上」が神の語源ともいわれている。ではその神様はどんな神か。水源を司る貴船の神ではないのか。貴船の神が神の語源になった神ではないか。これは私の勝手な解釈である。

❖いのちの源は水神信仰

日本人は水をどのように考えてきたか。水そのものの神様は「罔象女神《みずはのめのかみ》」、山に降った雨をあっちの川にこっちの川に分配する神様は、「天水分神《あめのみくまりのかみ》」。水が勢い良く流れるところの神様は「瀬織津姫《せおりつひめ》」、川には川の神様、河口には河口の神様、海には海の神様といろんな神様がいらっしゃる。それだけ水に対して、日本人は特別な思いを持っていたことが分かる。

今は、どこそこの名水がガソリンより高値で売られていて、水は商品。世界の水不足は深刻で、水ビジネスが繁盛している。しかし日本人にとって、水は単なる物質ではない。水は命の源であって、人の力では作れない。水素と酸素の化合物と分かっていても、人の力では作ることはできない。

山を歩いて谷川の水の音を聞き、元氣が蘇ったということを経験された方がたくさんいる。水はそういう不思議な力を持っていると日本人は考えた。大相撲にも水入りの大勝負という言葉がある。なかなか勝負がつかないで休憩することを水入りという。一旦ここで水を口に含んで吐き出すだけだが、これで氣力を充実させて、再び勝負に挑む。相撲では休憩と言わずに、水入りといって、ただの水ではない「力水」を含むと考える。ここにも日本人の特別な水への思いを感じる。

それから打ち水。家庭で掃除をして最後に残った水を残り水と言って家の外に撒いた。水を粗末にしない。打ち水を見た通りかかりの人も、氣持ちが洗われたような氣分がする。昭和の始め日本に来たドイツ人の建築家ブルーノ・タウトは、人々が家の周りへ打ち水をするのを見て深い感銘を受けたそうだ。ここにも日本人と水との深い関係をみることができる。

これは水の持つ清めの作用、水の浄化力である。水は目に見えるものだけを綺麗にするのではなく、心の中まで洗い流してくれると日本人は考えた。禊《みそぎ》という言葉は、身も心も洗い清めるとこと。語源は身を削ぐ。その始まりは神話である。

伊邪那岐命は、亡くなった伊邪那美命に会いたくて黄泉の国に追いかけていくが、黄泉の国で腐敗した醜い伊邪那美命の姿を見て驚いて逃げ帰る。筑紫の日向の橘の小門の阿波岐の原で水にくぐって禊をされる。左の目を洗った時にアマテラスオオミカミが、右目を洗ったときにツキヨミノミコトが、鼻をチンとかんだときスサノオノミコトがお生まれになった。最後の最後に三貴神を産んだという話である。その禊のときに川にくぐって身を清められたという。その清めに水の力が働き、清めることで最も尊い神様がお生まれになったということで、ここにも日本人の水への不思議な力の一端を感じていることが分かる。

しかし日本人にとって、水は単なる物質ではない。水は命の源であって、人の力では作れない。水素と酸素の化合物と分かっていても、人の力では作ることはできない。

拝殿へ向かう石の階段

神社では毎年六月三十日に水無月の大祓いを、十二月三十一日には晦日の大祓いという行事をとり行なう。知らず知らずのうちに身についた穢れ。穢れといっても悪いことをしただけでなく、うそついたり人を妬んだり、怒りも罪や穢れである。このような罪、穢れが溜まってくると身体によくないので、半年に一度、その穢れのお清めをするのが大祓いの行事である。穢れの語源は、氣が枯れるということ。うそや怒り妬みなどが溜まってくると氣力が枯れてくる。だから穢れを祓い清めて新しく命を蘇らせて、新たな一歩を踏み出そうというのが大祓いの意味で、年二回行なう。これも水が関係し、人型に切った紙で人の身体を擦り、それに息を三回吹きかけて川に流す。

❖神仏とエコロジーの科学

おかみ信仰とは雨を司る神様への信仰である、と紹介した。しかし雨だけでは水をいただくことはできない、降った雨を一旦蓄えて少しずつ湧き出させる。降った雨を蓄えるのは樹木で、しっかり根を張って降った雨を地中に押し込めて、一〇〇年、二〇〇年かけて地下水となってまちに流していって、まちの人々の命を潤す。

山に降り積もった落ち葉は、ふかふかのスポンジのような土壌を作って水を蓄え、少しずつ谷川に注いで田畑を潤す。こういう不思議なシステムを司るのが貴船の神様である。

我々の祖先は命の源の水をもらうためには雨だけではだめで、雨と大地と樹木の関係があってはじめて水をもらうことができると考えた。水の神様の静まるところは、樹木生い茂る山の嶺。木、生、嶺、で「きぶね」と読ませる。貴船の地名説は沢山あるが、この木生嶺という地名起源説が一番合理的な地名説ではないかと思われる。水は大地に生い茂る樹木が育む。

水は大地に生い茂る樹木が育む。だから私たちの祖先は、この樹木を大切にしてきた。一方で日本は木の文化で、これまでに沢山の木を切ってきたじゃないかといわれるかもしれない。しかし昔の人はむやみに木を切らなかった。木を切る度に、「一本いただきます」とお祀りをしてからでなければ木を切らなかった。切った後はそれに倍する木を植えて育ててきた。日本人は大昔から植林の知恵を持っていた。

神話にも植林の神が出てくる。スサノオノミコトがヒゲを抜いて放つと杉の木が、胸の毛からは檜が、足の毛からは槇がというように体中の毛でいろいろな木を産んだ。その木の種を携えて、その息子のイソタケルノミコトが天から降りてきて、九州から日本全国に木を植え広めたと書いてある。神代の昔から日本人は、植林の知恵を持っていた。日本では随分山が荒らされ、木が少なくなってきたが、まだ山に豊かな森林が残っているということは、私たち祖先の植林の知恵のお陰であったということを、考えなければならない。

ギリシャのパルテノン神殿のあたりは石の文化として栄えた。石の文化として栄える前には、レバノン杉が生い茂る大森林地帯であったことが分っているそうだ。キリスト教が入ってきて、木を切って切りすぎて植えることを知らなかったから、石の文化になったといわれている。かたや植林の文化、かたや石の文化。その違いはどこにあるかといえば、そこに住む住民の自然観の違いによる。

我々の祖先は命の源の水をもらうためには雨だけではだめで、雨と大地と樹木の関係があってはじめて水をもらうことができると考えた。

❖自然観の相違と神々

日本は温暖な気候に恵まれて自然豊かである。自然は恐ろしい反面、いろいろな恵みを与えてくれる。日本人は自然に神々の働きを感じ、そこには八百万の神々、いろいろな神様がいらっしゃる。

お坊さんと弟子の小話がある。弟子がおしっこをしようと木のところに行くと、和尚は「そこに神様がいるから、してはならん」と言う。慌てて弟子は川のほうへ飛んでいったら、「そこにも神様がいる」と言う。また慌てて草むらに走っていったら、また「そこにも神様がいる」という。困り果てた弟子が何処か神様のいないところはないかと探し出しておしっこをしたのが、髪のない和尚の頭の上だった。という神と髪を掛けた他愛のない笑い話だ。日本人はこのような笑いを通してでも、自然と尊び、一木一草に至るまでことごとく、神様が宿っているということを教えようとしている。こうした考え方が日本人の心だった。「自然は神様だから汚してはならぬ」という言葉、ここに神道の環境保護思想のポイントがあるのではないかと思われる。

一神教は自然が厳しい地域で生まれた。自然は有難い存在ではない。うっかりしていると自然から殺されてしまう。いかに自然と対決していくか、乗り越えていくかが、生きるための条件となる。自然と共存、共栄するという生やさしいものではない。自然は征服すべき対象である。日本人と全く自然観が違う。一神教にとって自然は神様ではない。日本人とは神に対する観念が違う。一神教の神は全知全能あらゆる力を備えた神様。だからお一方しかいらっしゃらない。他に神がいてはならない。我が信じる神以外に神は無し。それ以外は悪魔だから、滅ぼすか追放するしかない。今も世界で宗教観の対立が絶えない。

日本人の家のように神棚があって、仏壇があって、結婚式はキリスト教会で挙げ、子どもが生まれたらお宮参りに神社に連れて行く。死んだらお寺のお坊さんの世話になるというような、いい加減なことは絶対にあってはならない。一神教の方からみたら、なんと宗教に潔癖感がないと言われる。日本人はおおらかで、客《まろうど》の神を祀った神社も全国に一杯ある。

自然観の善し悪しを言っているのではなく、自然観の違いとして聞いていただきたい、キリスト教における自然と人間の関係は、神様が一番上で、次が人間。自然は人間より下に位置づけされている。キリスト教に関わりの深い旧約聖書にそう述べられている。全知全能の神様が、この世界のあらゆるものを作った。最後に人間の男と女を神様の姿に似せて作った。そしてその人間に、産めよ殖やせよ、大地を満たせよ、大地を征服せよ、海の魚と空飛ぶ鳥と家畜と地に這う全ての虫を治めよ、と祝福の言葉を贈っている。つまり人間は自分の力で自然を征服して、自分の生活を豊かにすること、これが神様から与えられた特権だ、ということ。これが一神教の自然観である。だから自然を征服するためのいろんな方法を考えた。これが科学技術の進展に繋がる。

日本は明治以降、西洋の科学技術を取り入れたことで、今日の発展に繋がった。それは間違いの無い選択であったのだが、西洋の自然観も一緒に取り入れてしまったところに、今日の日本が抱えている環境問題の考えるべき点があるのではないかと思う。

神道は神を感じるか感じないかである。それだけなので、説明は不要。私たちの祖先は、皆が同じように何かの気配というものを感じた。日本の文化は、この気配の文化ではないか。気配を感じることについては、昔の人は現代人とは違って素晴らしい優れた能力を持っていた。科学が進化して便利な世の中になって現代の人はその能力を失い、気配を感じなくなった。何かは分からないけれど昔の人は共通の認識として感じた訳で、それを畏れかしこみ、感謝と祈りの祀りが行なわれてきた。西行法師が、「何事のおわしますかはしらねども　かたじけなさになみだこぼるる」と詠みました。畏れ多い気配を感じたからだ。

環境問題解決のためには、国民一人一人の心の改革が必要だと考える。水を大切にしなくてはならない。環境を大切にしなくてはならない。そのために日本人は自然を神々と畏怖した心を見直して、取り戻していかなくてはならないと思う。神社を基点にして、私はこのように発信していきたいと思っている。

（第二期早稲田環境塾「神道と環境思想」二〇〇九年三月、貴船神社）

日本の文化は、この気配の文化ではないか。気配を感じることについては、昔の人は現代人とは違って素晴らしい優れた能力を持っていた。

「因陀羅網」（インドラ網）の歴史と現代への意義

丸山弘子

❖はじめに

これ有れば、かれ有り
これ生ずれば、かれ生ず
これ無ければ、かれ無し
これ滅すれば、かれ滅す
（パーリ仏典『マッジマ・ニカーヤ』[1]）

国境を越え、宗派を越え、すべての仏教徒にとって、釈尊が説いた「縁起」は最も重要な教え（Dharma）の一つです。「縁起」とは縁って起ること、（Aに）縁って（Bが）起ることです。この世のすべての現象は神のような創造主によって作られたものではなく、さまざまな条件や原因が相互に関係し合って成り立っているという教えです。因って、いかなる存在も他の存在と無関係に独立して存在することはできず、諸条件や原因がなくなれば、結果もおのずからなくなります[2]。

鞍馬寺では「羅網《らもう》」と呼ばれる宝珠を連ねた飾り網を懸けて、すべてのものが互いに関わり合い響き合って存在している世界を表現しています。「網の目が一つ動けば、その響きは四方八方、いや、結ばれている命の十方法界に伝わっていく。網の目の一点は世界に続く一点であり、宇宙に響く一点なのです[3]」と、信楽香仁貫主は人間も森羅万象も生かされている縁起の世界を説きます。

一方、清水寺の森清範貫主は虫や魚をとる「網」に喩えます。

「仏教ではよく網を使います。網を見てください。必ず上下左右の糸を共有しているでしょう。そのつながりが網を構成しています。一つの糸だけでは網にならない。利己やなしに、利他の心がないとうまくいきませんわな(4)」。

では、なぜ仏教では「縁起」を「網」に喩えるのでしょうか。その出典を紐解いてみますと、「縁起」と「網」のキーワードから、「重重無尽(5)」を説く華厳思想との関連が考えられます。

❖『華厳経』(*the Avatamisaka Sutra*)

華厳と言えば、南都六宗の一つ華厳宗東大寺が挙げられます。東大寺の大仏は聖武天皇の発願によって建立(七五二年)され、その大仏を造る時の思想的なよりどころとなったのが『華厳経』の教えでした。中央アジアのオアシス都市・于闐《うてん》で編纂された『華厳経』は中国に伝えられ漢訳されました。やがて、国際都市長安に花開いた華厳宗は、律令国家建設に向けて急速に異国の文化や仏教を吸収した七〇〇年代半ば頃の日本にもたらされました(6)。

華厳の世界では、個々の存在を実体的、固定的に見ないで、たえず事物と事物が関係し合う中に、個々の事物も、事物の総和たる全体も存在すると見るのです。従って、個々の事物の変化はそのまま全体の変化であり、全体の変化はそのまま個の変化に通じていきます。個を離れて全体はなく、全体を離れて個はありません。世界は、顕微鏡的な微塵から巨大な宇宙に至るまですべて「重重無尽」につながり、その中心に『華厳経』の教主である毘盧舎那仏《びるしゃなぶつ》がおり、あらゆるものに無限の光を照らしています。まさに華厳思想の核心は、毘盧舎那仏の光に照らし出された無限の関係性の世界、重重無尽の縁起の世界を説くことにあると言えます(7)。

中国華厳宗の大成者である法蔵は、その著書『華厳五教章』(略称、『五教章』)や『探玄記』で、膨大なる(8)『華厳経』の中心思想として、一切のものの円融無礙なることを説きました(9)。あらゆる現象の事々物々がすべて障りなく、相互に融和している関係にあることを、一〇種の立場・見方から説明したのが『五教章』と『探玄記』の中の「十玄縁起無礙法門」です。その十玄門の一つである「因陀羅網《いんだらもう》法界門[10]」に「縁起」と「網」の関係が見出せます。

❖因陀羅網《いんだらもう》（インドラ網）とは

因陀羅とはインドラ神、すなわち帝釈天のことです。インド神話の神が仏教に取り入れられ護法神となりました。仏教の世界観では、世界の中心に須弥山がそびえ、頂上にある忉利天《とうりてん》の主が帝釈天です。その帝釈天の宮殿に掛かっている宝の網を因陀羅網と言います。網の目の一つ一つに宝珠があり、一切の宝珠が相互に他の一切の宝珠を映し出しています。このように自他が相互に、無尽に、影響を重ね合いながら存立している縁起の世界が因陀羅網なのです[11]。これを古来、ロウソクと鏡の比喩をもって説明しています。鏡に灯が映り、その鏡の灯が他の鏡にも映り、多くの鏡が互いに合い照らすとき、多くの鏡に映った影が重々に織り成すような世界を言います[12]。

因陀羅網（インドラ網）のある一点を持ち上げると無限にあらゆる点が絡み合っていき、どこまでも関わり合う網となります。因って、無限の関係性が広がる中、中心が存在しないという考えになります。言い換えれば、どこにも拠点があり、どこをつかまえても中心になりうるインドラ網とも言えます[13]。

ダライ・ラマ（the Dalai Lama）もその著書『ダライ・ラマ 科学への旅』で、インドラ網について言及しています。

『華厳経』に説かれる美しい詩句のなかでは、複雑に絡み合って互いに深く結びついているこの世界の現実の姿を、「インドラの宝網」〔因陀羅網、帝網《たいもう》〕についた無数の宝石に喩えています。インドラ神〔帝釈天〕の宮殿を覆うというこの網は無限の宇宙に広がっていて、網の結び目のひとつひとつに水晶の宝石〔宝珠〕が結びつけられています。宝石はすべてお互いに網で結びついているだけでなく、お互いを映し出しています。この網の中では、どの宝石も中央にあるとも、端にあるとも言えません。ほかのすべての宝石を映し出しているという点で、どの宝石もそれぞれ中央にあるとも言えます。同時に、どの宝石もほかのすべての宝石のなかに映し出されているという点で、端にあるとも言えます。こう考えると、宇宙に存在するものがいかにお互いに深く結びついているかがわかります[14]。

❖宮沢賢治が描いた童話『インドラの網』

宮沢賢治は法華経に帰依した仏教徒として知られていま

帝釈天像（三十三間堂所蔵）

すが、華厳の世界もモチーフに童話を著していました。

「お早う。于闐大寺の壁画の中の子供さんたち。」

「お前は誰だい。」

「私は于闐大寺を沙の中から掘り出した青木晃といふものです。」

「何しに来たんだい。」

「あなたたちと一緒にお日さまををがみたいと思ってです。」

「さうですか。もうぢきです」……。

天の子供らはまっすぐに立ってそっちへ合掌しました。

それは太陽でした。厳かにそのあやしい円い溶けたやうなからだをゆすり間もなく正しく空に昇った天の世界の太陽でした……。

「ごらん、そらインドラの網を。」

私は空を見ました。いまはすっかり青ぞらに変ったその天頂から四方の青白い天末までいちめんはられたインドラのスペクトル製の網、その繊維は蜘蛛のより細く、その組織は菌糸より緻密に、透明清澄で黄金で又青く幾億互に交錯し光って顫へて燃えました……。

「ごらん、そら、風の太鼓。」

「ごらん、蒼孔雀を」……。

まことに空のインドラの網のむかふ、数しらず鳴りわたる天鼓のかなたに空一ぱいの不思議な大きな蒼い孔雀が宝石製の尾ばねをひろげかすかにクウクウ鳴きました……。[15]

賢治は先ず場所設定を中央アジアの于闐《うてん》[16]としました。それは『華厳経』を中国にもたらした源流の地です。于闐で太陽を拝むということは、『華厳経』の教主である光明遍照の毘盧舎那仏《びるしゃなぶつ》を拝むことを連想させます。

仏教的にはインドラ網は「宝網」であると視覚的に説明されてきましたが、賢治はそこに「スペクトル製の網」という科学性を加えると同時に、「数しらず鳴りわたる天鼓」と聴覚的なイメージも表現しました。

賢治の作品では仏教用語と科学用語が多用されていますが、『インドラの網』には、インドラ網の仏教的説明がありません。賢治が述べた「蜘蛛のより細く、菌糸より緻密」という表現を用いて、「仏教における、蜘蛛のより細く、菌糸より緻密なこの世の関係性」と記せば、読者はインドラ網を容易に理解できるのではないでしょうか。

❖エコロジーと因陀羅網

因陀羅網（インドラ網）に注目しているのは、東洋の仏教者だけではありません。西欧からも熱い視線が注がれています。

西洋の科学としての生態学（エコロジー）は、人間は自然の生態系に連なることなく、その連鎖の外側で自然を支配するという考えですが、その考えに異議を唱えるグループが現れました。ディープ・エコロジストたちです。彼らは、すべての生命存在は人間と同等の価値を持つと考え、人間と自然は一つであるという認識を持ちます。

ディープ・エコロジストの米国の詩人、ゲーリー・スナイダー（Gary Snyder）[17]は宮澤賢治の詩を英訳し、賢治の思想の根底に科学と宗教が融合された基盤があることを指摘しました。また同時に、スナイダー自身もエコロジーと仏教の接点について思索を深めています。『地球の家を保つには』（*Earth House Hold*；以下 *EHH* と略）に収録された一九五〇年代初期のジャーナルには、仏教とエコロジーの接点に関する洞察が記されています。すなわち、スナイダーにとっては、仏教とエコロジーは全ての存在の相互依存性を認めるという点で共通の世界像を有しています。仏教におけるこのような世界像の核心的なイメージは「インドラ網」であり、それはすべての存在が幾重にも相互依存し合う様相を視覚化したものです（*EHH* 38）[18]。ヒトは自然の支配者ではなく、自然の生態系に連なる存在であると認識するスナイダーにとって、エコロジーの図式は、まさしく「インドラ網」で表現できます。

環境倫理学のパイオニアとして知られるノース・テキサス大学のJ・ベアード・キャリコット教授（J. Baird Callicott）[19]も、その著書『地球の洞察――多文化時代の環境哲学〈エコロジーの思想〉』（*Earth's Insights*）で、華厳仏教（因陀羅網）は環境倫理学に適合するものの見方をしていると指摘しています[20]。

「因陀羅網のイメージがみごとに描ききっているとおりに、Xの中に他の一切の『事物』は存在している。つまり、Xは他のすべての事物が『原因となって』生じていると言うことができる。……相互因果性と相互同一性に関する理論から、華厳仏教は一つの環境倫理を導き出している」と述べ、比較哲学者のスティーヴ・オーディン氏（Steve Odin）がまとめた華厳仏教の「関係的な宇宙論」を紹介しました[21]。

（それは）「部分と全体の相即相入」および……「部

因陀羅網（インドラ網）

分と部分の相即相入」という有名な教説の形で法典化されている。このような方法で、華厳仏教は人を動かさずにはおかない価値論的な宇宙論を確立した。この宇宙論によれば、一切の事物はそれぞれ他のすべての事物の原因として機能しているのだから、自然の大いなる調和の中に価値のないものは存在しない。この見解をさらに進めれば、自然界におけるすべての感覚能力をもつ生き物「一切有情」に対する無条件の憐れみと慈愛の倫理にいたる。(22)

関係中心の存在論を有する華厳の概念では、全体はそれを構成する一つ一つの部分の中に何らかの形で存在していて、どの部分が消滅しても、それは全体の消滅をもたらすことになります。(23)我々を取り巻く環境の中で、人間にとって不都合なことを捨てて、都合の良い一方だけを手に入れることはできないという華厳的事実が、西洋を中心とする生態学的な世界観に一石を投じることになるでしょう。

❖むすび

因陀羅網を喩えに縁起の教えを説けば、人々にもわかりやすいです。鎌倉時代の明恵も栂尾《とがのお》の高山寺で華厳をわかりやすく説くために、インドラ網を例に挙げて説明したそうです。(24)

共生する世界では、網の目はそれぞれ他の網の目が成り立つために役立っています。日常頻繁に使われる「お陰さまで」という言葉の原点です。

二〇一〇年六月に華厳宗管長・東大寺第二百二十世別当に就任された北河原公敬師は、「人間は人や自然、動植物との関わりの中で生かされている。すべての存在が無限につながっていると説く華厳の教えを、今こそ発信していきたい」と、今後の指針を語りました。(25)

現代社会では、因陀羅網は一人が発信した情報が一瞬にして世界中に伝わるインターネットを一見彷彿させますが、東大寺の森本公誠長老は『読売新聞』のインタビューでそれを否定しました。

「因陀羅網《いんだらもう》というインドラ神（帝釈天）の宮殿にかけられた網の喩えがあります。網の一つ一つの結び目が宝石になっていて、お互いがお互いを照らし合っているんです。必要とし合い、良さを出し合う。現代もインターネットの網が張り巡らされているが、わけのわからない網も多く、宝石とは違いますね。『ここまできたら大変だ』と、家庭も、学校も、地域も、社会全体がそういう思いで、宝石の網の目でつながれば、希望はみえてきます(26)」。

現代のインターネットの網とインドラ網の違いは、網の質にあると言えます。インターネットは一方的でわけのわからない網も多く張り巡らされていますが、インドラ網はひとつひとつの結び目が宝石で、互いに支え合い世界を形成しています。人間も森羅万象もそれぞれが宝石として互いに関わり合い響き合って存在しているのです。利他でなければ網は破損して、四方八方に負の影響を与えます。各自がその網の一つを担っていることを自覚したいものです。

注

(1)「第79　小サクルダーイ経」『パーリ仏典（第一期）4　中部（マッジマ・ニカーヤ）中分五十経篇Ⅱ』片山一良訳、大蔵出版、二〇〇〇年、一一六頁。

(2)中村元『佛教語大辞典』上巻、東京書籍、一九七五年、一一八頁。

(3)信楽香仁『古寺巡礼京都14　鞍馬寺』淡交社、二〇〇七年、八五頁。

(4)森清範「この国はどこに行こうとしているのか」『毎日新聞』二〇〇八年十二月五日付、夕刊。

(5)〔仏〕一の中に十があり、十の中に一があるというように、あらゆる事物・事象は互いに無限の関係をもって融合一体化していること。華厳の思想。

(6)『華厳経』の教えにもとづいてできたのが華厳宗である。これは中国の唐の時代にできた宗派であり、道璿《どうせん》（唐の僧 七〇二―六〇）によってわが国に伝えられた（七三六年）（鎌田茂雄・上山春平『無限の世界観〈華厳〉』角川ソフィア文庫、二〇〇八年、二〇―二一頁）。

(7)西本照真『『華厳経』を読む①②』武蔵野大学、二〇〇七年、三八―三九頁。

(8)〔仏〕一切存在はそれぞれ個性を発揮しつつ、相互に融和し、完全円満な世界を形成していること。華厳の思想。

(9)法蔵（中央アジア出身の僧、六四三―七一二）は則天武后の信任厚い。法蔵の著書として最も有名なのが、綱要書としては『華厳五教章』（略称、『五教章』）であり、『華厳経』の注釈としては『探玄記』である。特に『五教章』には、中国、日本の多くの学者が注釈を著し、それによって華厳学研究の指針としている。（鎌田茂雄・上山春平、前掲書、六八頁）。

(10)鎌田茂雄・上山春平、前掲書、一五九―一六五頁。「十玄縁起無礙法門」には二種類ある。本稿は『探玄記』の十玄門を参照。

(11)西本照真、前掲書、四五頁。

(12)鎌田茂雄・上山春平、前掲書、一六五頁。

(13)上山大峻元龍谷大学学長の発言「仏教は環境思想たりうるか」公開討論会2。嵩満也『共生する世界　仏教と環境』法蔵館、二〇〇七年、二二一頁。

(14)ダライ・ラマ『ダライ・ラマ科学への旅』伊藤真訳、サンガ、二〇〇七年、一二二頁。ダライ・ラマ十四世（テンジン・ギャツオ、一九三五年生まれ）、一九八九年ノーベル平和賞受賞（His Holiness the Dalai Lama, Tenzin Gyatso）。

(15)宮沢賢治『宮沢賢治全集六』筑摩書房、二〇〇八年、一四六―一四八頁。

(16)東晋時代（三一七―四二〇）の支法領は、于闐《うてん》で『華厳経』を得て、中国に持ち帰った。それを仏陀跋陀羅（インド僧、Buddhabhadra, 三五九―四二九）が漢訳した（鎌田茂雄『和訳　華厳経』東京美術、一九九五年、一九二頁）。尚、于闐は現在では和田《ホータン》と表記される。

(17)ゲーリー・スナイダー（Gary Snyder）は一九三〇年サンフランシスコ生まれ。日本で禅の修行と研究を行う。ディープ・エコロジストの詩人として、ピューリッツァ賞をはじめ受賞多数。

(18)山里勝己「場所の感覚を求めて――宮澤賢治とゲーリー・スナイダー」（野田研一・結城正美編『環境文学論序説――越境するトポス』彩流社、二〇〇四年）、一二一―一二二頁。

(19)J・ベアード・キャリコット（J. Baird Callicott）一九四一年テネシー州メンフィス生まれ。

　キャリコット教授は環境倫理学を早くから唱道し、一九七一年にウィスコンシン大学で世界最初の「環境倫理」の講義を行い、一九九四年から二〇〇〇年にかけては、国際環境倫理学会の会長を務める。（参考：「J・ベアード・キャリコット教授公開講演会」二〇一〇年東京大学グローバルCOEプログラム「死生学の展開と組織化」）。

(20)J・ベアード・キャリコット（J. Baird Callicott）『地球の洞察――多文化時代の環境哲学〈エコロジーの思想〉』山内友三郎他訳、みすず書房、二〇〇九年。

(21)同上書、二一三頁。

(22)同上書、二一四頁。

(23)同上書、二一〇頁。

(24)鎌田茂雄・上山春平、前掲書、七二頁。

(25)「北河原氏の晋山式厳修　華厳宗管長　東大寺別当」『中外日報』二〇一〇年六月一日。

(26)「東大寺長老・森本公誠さんに聞く」『関西発YOMIURI ONLINE』読売新聞、二〇〇九年一月二十一日。

　森本公誠氏は、二〇〇四年から三年間、東大寺別当と華厳宗管長を務めた。近畿を中心に約一五〇の社寺で組織する神仏霊場会初代会長。京都大学大学院時代、エジプトに留学するなどイスラム問題にも詳しい。

第Ⅱ部　水俣から京都へ

水俣、不知火海のほとりから

早稲田環境学研究所講師　吉川成美

❖なぜ京都と水俣を合わせて学ぶのか

「文化としての環境日本学」の創成を試みる早稲田環境塾は、京都の伝統的な聖域での僧侶、神官の講義に加えて、なぜ日本の近代化にその発生源を持つ水俣病の当事者を講師として招いたのか。二〇〇八年十一月に開講した早稲田環境塾は、「環境」を自然、人間、文化の三要素の統合体として認識し、環境と調和した社会発展の原型を地域社会から探求することを目的とした。暮らしの足元を直視し、現場を踏み、実践に学ぶ。そのためには、多くの事例研究（有機無農薬農業、トヨタ自動車のプリウス、水俣病など）と分析を当事者の証言、つまり一次情報に基づいて試みるように努めている。

歴史とは現在と過去の対話である。現在の環境問題の構造は、孤立した現在においてではなく、過去との関係を通じてこそ明らかになる。当事者ならではの一次情報によって過去を語りながら、現在への経緯、道筋を認識し、さらに現在から未来へと食い込んでいく、その先端に早稲田環境塾は立脚したい、と考えてきた。

第一期早稲田環境塾のうち、第三講座は、「水俣病、過去、現在、未来」を学ぶシリーズとした。講師に水俣市茂道在住の漁師・患者で、水俣病を次世代に伝える「語り部」、杉本雄氏、地元学ネットワーク主宰・元水俣病資料館館長の吉本哲郎氏を招き「何故私は水俣病を語り継ぐのか」、「全国に拡がる水俣地域学の背景」の課題で講義した。さらに塾生や環境省の水俣病担当幹部を交えた討論にも応じていただいた。

二〇〇九年の第二期早稲田環境塾には、引き続き吉本氏と水俣在住の木製建具職人で認定患者の緒方正実氏を招いた。新聞記者として水俣病取材歴四〇年に及ぶ塾長原剛が「水俣病とは何か、日本社会変容の原点として」の課題で水俣病の構造を解説し、水俣からの講師たちが、現在に共鳴する水俣病の教訓を語った。緒方正実氏は水俣湾埋立地の内の「実生《みしょう》の森」の木の枝から祈りのこけしを製作し、私たち全員に手渡した。このように早稲田環境塾は京都の聖域と合わせて、水俣の過去、現在、未来を並行して学んできたといえる。環境と相互作用する主体としての人間を国家から取り戻し、京都・水俣から「近代とは何か、人間とは何か」を見つめてきた。その後、東日本大震災が起きた。

水俣は、政府・環境庁とチッソ・財界を相手どった未認定水俣病患者たちの裁判闘争、自主交渉は激烈さを加え、東の成田空港建設反対闘争、西の水俣病闘争と比較された。その過程で多くの患者たちは病に倒れ、没した。石牟礼道子さんが著書『苦海浄土』の扉に記したように、〈繋がぬ沖の捨小舟　生死の苦海果もなし〉のありさまであった。憲法が定めた基本的人権である生命の尊重を求めて闘った指導者たちは、一九九四年、「本願の会」を設立。「本願の書」に表現されたように、いのち、人間、社会とは何か、思索を深めていく。他方、不信と亀裂のどん底から水俣市民たちは「結い」を単位にした地域通貨、「水俣元気村もやい通貨」を流通させる。「自分が出来ること」「自分にやって欲しいこと」を登録し、サービスを提供し合う試みを実践した。「もやい」は漁村の、「結い」は農村の共同作業である。

環境を汚染、破壊したのはまぎれもなく人間とその社会組織である。水俣病患者の杉本雄さんが講義で、緒方正人さんがインタビューで語っているとおり、政府にも企業にも地域社会にも、あらゆるところに人間が存在していたにもかかわらず、多くの当事者は人間たる責任を逃れ、やましき沈黙に逃げ込んだ。

三・一一を経た今からでも、社会的責任から当事者は逃避しようとしているのではないだろうか。この無責任さ、社会性のなさは何に根差しているのか。このような社会風潮はいつまで続くのか。日本文化の基層にあって日本人を律し、共有されてきたはずの生活作法、流儀はなぜ、どこへ失せてしまったのか。あるいは沈黙を強いられているのか。緒方さんと石牟礼さんのインタビューはその深淵を表現し、杉本、吉本さんの講演は、水俣という日本の地域社会の人々が平易な、しかし深い許しを秘めた生活言語で、そのことを生活の場から発している。

京都の聖職者と水俣市民の言葉が交わるとき、「苦しみの末の許し」に象徴される人間と人間、人間と自然の、過去・現在・未来への円環と壮絶な自己超克の境地を、共通の認識としてとらえることができるのではないだろうか。

水俣も三・一一もともに「見たことは忘れない」、明日に向かう日本人の背骨として保って行きたい。

なぜ私は水俣病を語り継ぐのか（講演抄録）

杉本 雄

水俣市在住の漁師患者「語り部」杉本雄さんは、一九四〇年代から五〇年代にかけて、子供のころから地域特有の不思議な現象を身近に見聞きしていたという。

私が小学校五、六年生のころからですね、どのクラスにも具合が悪い生徒が必ず二、三人はいたんですよね。運動神経が悪くてバランスが取れない、そういう生徒は、体育の時だけは、先生に「おーい、見学者たち、来い」と呼ばれ、運動が出来ないということで、校庭の片隅で私たちが体育するのを見ていた。そういう光景がずっと続きます。

もうそのころから、魚が原因ということは、みんなうすうす知ってたんです。でも、病院に連れて行ったところで、病気が出たということになれば、魚が売れなくなる。

だから「病気を出すな、辛かってもこらえとけ。絶対、病院に連れていくなよ」というのが、漁師の基本の思想だったんですよね。その病気の原因を早く追及するのが国の役目であるし、保健所の役目だと思います。それを、ぜんぜんしなかった。なぜならば、多分こういう病気は二、三人で終わるだろう、と思っていたのですね。だから、魚が売れなくなるよりも、ずっと魚を売り続けて、犠牲者にはかわいそうだけど、そのまま亡くなってもらうという考え方です。病気がこんなに大きく広がるということは、まだその頃は考えとらんじゃった。国はチッソに操業を許した以上、魚を獲るなと言えば、国が漁民に補償しなければならない。国が、「魚を獲るな、食べるな、売るな」という三原則を出しとけば、こんなたくさん犠牲者は出んかったんですよ。今考えてみればですね。

病気の人を助けようとか、その病気の原因を知ろうとかちゅうことじゃなくて、次から次に、どうしたら自分が逃れられるか、それを基本に、水俣病ちゅうのは動いてきたということですね。

だから私は、水俣病という名前を付けてもらって、本当によかったち思うとる。水俣病は、水銀病じゃないんです。水銀病じゃない。ほんと、水俣病。水俣の一番つらい時に、私が網の親方として会合に行きよった時、直接は見ていないんですけど、ポケットに札束が入っていたと思うんです。「これを上から触ってみてんのー」ちゅうて触らせて、「裁判なんかよさんかい」、言ったんですよね。そういうことされれば、情けなかですよ、男として。「くそー」と思って、それから絶対、裁判から降りんと、鋼を噛んでも裁判するぞち、私の意志になったんですよね。

杉本雄氏

杉本さんら被害者の行政不信は根強かったが、熊本県と水俣市は一九九一年にようやく、分断された地域社会の再生に乗り出す。以来、水俣の町は少しずつ変わっていったという。ある日、一人の市の職員が杉本家を訪れた。

（その職員が）「一言聞くけん、一言教えて下さい」ちいうことで、「今、水俣は役所と一般市民が全然話もせん。役所とみんな、山ん人と、海ん人とち、仲良くなっとくには、どげんすればよかろうか」ち、言ってくれたんですね。即答はできなかったですけど、ただ一言でいうとなれば、「山ん人と海ん人が、仲良くなればよかたい。町を通り越して」と、そう言ったんです。山の人は海ん人を、補償金をもらってよかねえ、という感覚で見ていた。海ん人の場合は補償金をもらっても、病気が治らんば、本当によかったちゅうことは言われんちことで、つなげてくれたんですね。いろいろな話し合いをする場所を設けてくれた。そして、最終的に出来たのが、「もやい直し」。

もやいは方言の一つで、「もやいにしよう」というですね。「一緒に使おう」という意味。「一緒のもんですよ」という意味で、もやいという言葉を使うんです。その「もやい直し」という言葉に託して、水俣を繋ぎ直して、これからプラス指向にもっていこうという、その人の発想から動いてきた。

現在、水俣が一番、誇りとするのは、ごみの二一分別、このごみの分別に係わって、いろいろと心のつながりもできている。それまではそれこそ、となりの会社行きさん（チッソの社員）とはもの言わん。今もまだそういう所はあるけど、ある程度なごんできて、今は会社行きち、いうて特別に扱うようなことはもうない。今はみんな、ちょと遠慮しながらかな、一歩引いて相手をさっと見て生活をしていくというかな、そんな感じの水俣になってきている。

今の若い人たちは、水俣病を過去の出来事として捉えている。語り部として杉本さんは、何を伝えていきたいのだろうか。

学校では、水銀をプランクトンが食べて、魚が食べて、人間が食べてちゅう流れなんかを習う。それは誰が見ても、当然分かること。なぜその流れを人間が、地域社会が断ち切れなかったのか。人間のしてはならないことを堂々とする。その悪知恵を子供たちは理解できない。しかし事実、それが水俣の独特の動きだったと思う。

本当の水俣病を伝えるためには、現実から離れた形の上だけではだめ。それだけになってしまうから、自分の身ひとつと比べて、「あなたの目から見て、水俣病はどう見えるか」という質問から入っていって、「あなただったらどうするか」「こういう場合はどうするか」という風に、本人の考え方を水俣病に引きつけながら、引きだしていけば理解されると思う。

中学生、小学生には真実ちゅうものをもう一回考え直して、本当にいいこと、悪いことを自分の力で見極めよう、ということを基本に話をしている。ただ、歴史の流れだけで、表面をなぞるような形だけでは、やっぱり、自分の身に降りかかってきた時には、どうにも太刀打ちできないから。そこらへんを注意して、教えとったらいいと、私は信じて、今、語っています。

母も子もともに水銀に冒された。海辺に建立された悼む像

全国に拡がる水俣地元学の背景（講演抄録）

吉本哲郎

一九九二年、水俣市役所に勤めていた吉本哲郎さんが初めて杉本栄子さん、雄さんの夫妻の家を訪ねた。思いがけない勘違いから生まれた杉本栄子さん、雄さん夫妻との出会いを吉本さんはこう語る。

当時、とてつもない行政不信があった。患者は誰も会ってくれない。玄関から入るのも気まずい、顔もまともに見られない。杉本夫妻に対してもそう思っていた。初めて杉本家を訪ねた当時、杉本夫妻は、ちょうど薬草治療に出合い、水俣病を自然の薬草の力で直すのだと頑張っていた。杉本夫妻は「役所の人が来る」と聞いたとき、「薬草の人」を招くつもりだった。

「なんね、薬草の人じゃなくて、役所の人か……」

明らかに歓迎ムードが嫌悪に変わろうとしていた。しかし「しかたない食え」……ということになって、話が始まった。そこで、私は信じられないことばかり聞かされることになった。これまで聞いたことのない苦しみを。「あんたは何者ね?」と聞かれた。そこで私は「私は農村で生まれて町のことはよう知らん。私は山のもんたい」と答えた。「わかった、わかった。山の者と海の者がつながれば何とかなる……」と、杉本栄子さんが言ってくれた。「環境から水俣を再生する」と考えていた私は、はっきりと考え直した。「この人たちには口では言われん、行動でしか……」と覚悟した。

「有難う、みんな、生きとっとばだいじにせんばな」（杉本栄子）

二〇〇八年二月二十八日、真夜中の〇時二十四分栄子さんが亡くなった。本当に悲しかったのは、その一年前に呼ばれた時のこと。「おら、あと一年の命たい。泣くごたるばってん、おらが泣けば子供が泣くけん、泣かんと。本当に悲しかとは息子たちのの将来たい……」と聞いたときは、数日仕事が手につかなかった。

晩年、栄子さんはこう言った。

「水俣病は私の守護神たい。病気のおかげで人にも魚にもよう出会う」

なんてことを言う人だろうと思い、驚いた。今でも呼びかけたくなります。

「おーい、栄子さん、今なんばしよっぱい」

その後、杉本栄子さんを偲ぶ会をつくった。私に常日頃、栄子さんはこう言ってた。「のさり」というのは「贈りもの」という意味の水俣弁で、栄子さんはいつもお父さんの言葉を言ってました。

「この病気もすべてを、『のさり』と思って生きていけ人様は変えられないから、自分が変わる生きることの大切さを教えてくれた。」

栄子さんが生きていたらこう言うだろうなと思って、この言葉をお伝えしたい。「もやい　のさり　出合いと命」。水俣病の患者から教えてもらって、私が紡ぎ出した言葉でもある。人が育つのは「逆境と笑い」。逆境とはある意味、チャンス。水俣には、杉本家にはすさまじい逆境があった。しかし、それが守護神であるという所まで、前向きに捉え笑い飛ばす。これで人は育つ。

吉本哲郎氏

一緒にならなくていいから同じテーブルに着こうというのが、水俣の取り組みの特徴だ。

埋め立て地の下にドラム缶三〇〇〇本に詰められて、魚たちが眠っている。杉本さんはこのことを忘れてはいけないと悲しんでいた。私はそれならば祈ろうと言った。火の神様は自然神でありますから、人の願いを他の神様に届けるというのが火の神様の役割です。故に、皆さんがろうそくを立てたりして祈る。自然神である火の神様へ、火に仮託して祈りを届ける。そして、杉本栄子さんが「魚（いよ）たちよ」と祈った。ボランティア一〇〇人、患者のために動こうとしなかった人たちが動いた。水俣に地殻変動が起きた。人は言葉では動かない。感動がないと動かないだろうと思った。私は来た人を泣かせようと思った。うちのお袋が泣いた。

「あなたが使っている水はどこから来て、どこへ行くの？」
――吉本さんは問いかける。

ある時、農業をやっているうちのお袋は「環境」という言葉を使っていない、使っているのは私だけだと気がついた。私のような行政、学者、ジャーナリストがよく使うのが「環境」。生活の当事者ではない、反省しない、そういう人がよく使う。うちのお袋が「環境」のかわりに使う言葉は「雨が降った」「桜が咲いた」「風が強い」……そういう言葉である。それで、一番身近なものは何か？と考えた。それで「水」だと思った。「地球環境」などといったら、うちのお袋は「そんなものは見たことも、食ったこともなか」というだろう。私たちの家、集落、それが私たちの地球です。それは水に関して責任が持てる範囲である。自分たちで調べていくうちに、風景の多くは水が作っていることも分かった。

お母さんのお腹で胎児性水俣病を発病して産まれてきた人たちがいる。みんなその存在理由が分からない。答えられない問題がある。解決できない問題と共存する。覚悟がいるということだ。水俣出身とは言えない、就職もダメになる、ひたすら水俣という名前を隠してきた。水俣はものすごくマイナスイメージだ。水俣病の犠牲を無駄にしないで、それをプラスにする、と言うと、周りは「馬鹿か……」と言う。マイナスは縦線一本足せばプラスになる。その縦線が「環境」だ。何を夢のようなことをいってと言われます。うちのお袋は一〇秒話を聞く。うちの奥さんは三秒でそっぽを向いて、「ナナ！」と犬の名前を呼び始める。後から考えてみると両者とも最初から話を聞いていなかったのだ。女たちはいつもそうでした。まず、家の中から水と食べ物とゴミに気をつけるようになった。これが環境への取り組みの原点。チッソが水俣湾を汚して、生態系を壊して人間に影響した。世界のどこよりも、水と食べ物とゴミに気をつけるのが水俣の使命だ。

❖永遠に失われない栄子さんを求めて

杉本雄さんと吉本哲郎さんのお話に共通していたこと、それは杉本栄子さんがいない、ということだった。

杉本雄さんは、代々網元の杉本家に「嫁いだ」と表現したが、このことが塾生にはとても強く印象に残った。妻の杉本栄子さんと共に、世間から捨てられたような苦しい時期も海に向き合い、魚（いお）わく水辺に自分たちの魂を浮かべた。夫婦共に入退院を繰り返す日々もあったが、九二年には家族総出で不知火海の漁に戻った。そして二〇〇八年二月二十八日、海の恋人、杉本栄子さんが亡くなった。

吉本哲郎さんは、水俣の経験を「地元学」に昇華させた。地域に生きるひとりひとりの人間に光をあて、そのなかに「神様」を見つけた。その人生を丁寧に写真や絵地図、直接聞き集めた言葉で繋ぎ、その魂を詳しく語ることで初めて地域というものを浮かびあがらせた。「人様は変えられないから、自分が変わる」、講義の途中に出てくる数々の栄子さんの写真、言葉。人との対話とはこうしたものか、不在のはずの栄子さんが不知火のほとりで微笑んでいる。このとき、栄子さんは永遠に失われないと思った。

その後二〇一一年如月の頃、原剛塾長とカメラマンの佐藤充男さんと共に、私は水俣へ向かった。緒方正人さん、そして石牟礼道子さんを訪ねた。この間、早稲田環境塾は、外来の環境倫理学からの独立と、文化としての環境日本学の創成をめざして、「京都環境学」からの応答を解析する途上にあった。社会システムや環境法制度、また企業やNPOによる公共活動などの方面からも、新しい倫理的なヴィジョンを構築しようとしていた。そこに、雷のように答えを出してくださったのは緒方正人さん、花びらを一枚一枚渡すように近代の病に罹った私たちを慰めてくださったのは石牟礼道子さんだった。本章では、そのインタビューを収録している。水俣病資料館、水俣湾メモリアルパーク、胎児性水俣病支援の「ほっとはうす」、水俣市役所（吉井正澄元市長にもご面会頂いた）、相思社（環境塾のホームページの製作者、葛西伸夫さんに再会した）、そして不知火の海。雪の舞う二月始めの取材には、たっぷりとした内海のほとりに、椿の花が咲き、斜めに降る小雪がまじっていた。その翌月、東日本大震災が起きた。

京都から水俣へ、近代の超克に対する二つの地域からの応答は、「自己―他者―公共世界」理解への生成といった形で示された。苦悩する自己が内発的に立ち上がり、他者と出会い、裏切られ、見捨てられながらも、異質な他者をお互いに承認し合うなかで、新しい自己を生成させ、さらには公共世界への理解を進化させていく。経済を動かす行為主体が私利私欲だけを追求する価値観が問い直される現在、三・一一後の「モラル危機」に対して信頼の回復を構想することで乗り越えようとする人たちが場所性（トポス）と精神性（エートス）によって再び故郷を揺り起こしていることを忘れてはならない。彼らは死者の声を聴くこともできるのである。早稲田環境塾は、今、「新しい公共」の創成と実践を目指している。

蘇った水俣湾。地域通貨の「もやい」
は船をつなぐ互助の綱である

〈インタビュー〉

「文明の革命」を待ち望む

――「本願」とは何か――

緒方正人

聞き手＝原剛

不知火海に面した熊本県芦北町女島《めしま》に住む漁師。一九九四年三月、故田上義春《たのうえ》、杉本雄・栄子夫妻、浜元二徳《つぎのり》さんら水俣病患者有志一七人と「本願の会」を発足させ、会は「本願の書」を公表した。

時代の産業文明に犯された水俣の海は、それゆえに病み続け、さらに埋め立てられた我らが命の母体は今も絶命せずに呻吟しています。そのうめき声は余りに切なく私たちの心に日夜響きます。爆心のこの地もまた水俣病なのです。

かって、水俣は海の宝庫でした。回遊する魚たちは群れをなして産卵し、その稚魚たちはここで育ち成魚となり、また還ってくる母の胎のようなところでした。百間から明神崎に到る現在の埋立地のあたりはイワシやコノシロが銀色のうろこを光らせボラが飛びかい、エビやカニがたわむれていました。潮のひいた海辺では貝を採り、波間に揺れるワカメやヒジキを採って暮らしてきました。

私たちはこれらのいのちによって我が身を養うことができたのです。しかし、産業文明の毒水は海のいきものから人間までも、なんとあまたの生き物たちを毒殺したのか。この原罪は消し去ることの出来ない史実であり、人類史に人間の罪として永久に刻みこまなければなりません。その意味から、埋め立てられた苦界の地に数多くの石像（小さな野仏さま）を祀り、ぬかずいて手を合わせ、人間の罪深さに思いをいたし、共にせめて魂の救われるよう祈り続けたいと深く思うのです。

病み続ける彼の地を水俣病事件のあまねく魂の浄土として解き放たれんことを強く願うものです。

「本願の会」結成から一八年を経た二〇一二年二月二日、不知火海が寒風に波立ち、雪が横なぐりに吹きつける女島に「本願の会」と名付けた緒方正人さんを訪ねた。

一月二十七日に細野豪志環境相が水俣を訪れ、水俣病被害者救済法（特措法）に基づく、患者申請の手続き期限を、予定されていた三月三十一日から七月三十一日に延長することを表明していた。水俣病の症状があっても、国の基準では患者と認められない被害者救済の打ち切りを意味するもので、水俣一帯に動揺が走っている時であった。

緒方さんは約三時間かけ、筆者の質問にていねいに答えてくれた。事件報道を中心とする新聞社の社会部記者としておよそ半世紀、水俣病報道と論説にも係わってきた筆者が、その間心にかけつつも、当事者に直接取材する機会を見出せなかった「水俣病と魂」の、深層の問題について、その核心に位置し、発信し続けている緒方正人さんと相対する願いがこの日かなったのである。

――「本願」とは菩薩が過去世において発起した衆生済度の祈願のことです。「本願の会」はこう訴えています。「水俣湾の水銀ヘドロ埋立地に、「魂石」を数多く置き、実生《みしょう》の森を育てながら、祈りともやいの場にしていくために「本願の会」を作りました。私たちは、その場で水俣病の意味を探り続け、水俣病を通して、現代を読み解いていきたいと考えています」。

ここに「祈り」と「もやい」という言葉が出てきます。「本願の会」とは、菩薩に由来する考え方ではないのですか。憎しみのみを抱いていたならば、発想することは出来ない、そういう心の境地であろうかと思います。それが「祈り」と「もやい」ではないでしょうか。なぜこのような名称を考えついたのですか。

確かに本願という言葉には、宗教的な意味が含まれていると私もそう思います。その対極には政治的な次元で語られてきた水俣病の歴史があります。そのことに違和感と抵抗感を持って「本願の会」と名付けました。

私の家は代々西本願寺の系統ですが、取り立てて宗門に熱心なところはなく、末端の門徒にすぎません。聞きかじっている範囲ですが、私は親鸞に人間として魅力を感じます。只一人を生きるという生き方、度胸、覚悟の深さですね。もっとも坊さんたちが親鸞の教えの解釈に説を並べ立てているのは好きじゃない。そんなこと以前に、あなたがたは水俣病やこの世相のあり様をどう思っているのか、と聞きたい。

――「本願の会」が作られた一九九四年とは、水俣病問題にとってどのような状況の年だったのでしょうか。

当時すでに水俣病患者への国家賠償の裁判が進んで、和解による決着への路線が明らかに見えていました。世論に力を借りる路線というか、社会制度の上で水俣病はどう救われるか、という考え方をとっていました。

極めて政治的な妥協をするための装置として裁判闘争をしていると大方は見ていました。水俣病がそのように政治的に終息させられることへの警戒感と、本質的な問題はそういうことじゃないんですよ、ということを世の中に伝えたい、残したいと私たち患者は考えていました。

石牟礼道子、田上義春、杉本雄・栄子夫妻たちと相談しながら、水俣病問題がゆがめられていくことに抵抗して「本願の会」をつくったのです。

会発足の翌年、緒方さんは挨拶文「魂石を仲立ちとして」を記した。

――近年水俣病の全面解決などとの声を聞くにあたっては、受難史の本質を制度的手法によって埋め立て、政治社会的な低次元において処理し、終わらせることを前提とした、全面解決などとは忘却そのものであります。

むしろ、「終わることのできない水俣病」を引き取って、苦海に沈む命（魂）の叫びをともに聞き、対話し、我が痛みとして引き受けてゆく事こそ祈りであり、人としての命脈を保つ事と心得ます。さらに、そのことが水俣の意味を次代に伝言し続け、悲願である蘇りへの道筋であると存じます。

水俣の埋め立て地は嘆き悲しみの魂たちが集う場であり、せめて草木の中に野仏さま（碑石）を祀り、限りなくいつくしみ、終生帰依の念を以って祈り続けたく思います。

私どもは、事件史上のあるいは社会的立場を超えて、ともに野仏さま（碑石）を仲立ちとして会いたい、その根本の願いを本願とするものでございます。

近代文明の縮図としての水俣、この地より魂の帰還を心底から呼びかけここに本願の会発足を宣し、多くの皆様がたの参加同行を謹んでお願い申し上げます。　（『魂うつれ』）

――緒方さんが「本願の会」の名付け人になった理由は。

会の名前をどうしようか、考えてきてくれ、とみなが私に言うんです。理由は定かではないんですが、私が一番若かったからもしれません。三つほど思いついた名前の中では「本願の会」が断然いいと思い、皆も賛成しました。その時私が「本願」という言葉の意味をどこまで理解していたのか疑問です。あとの二つはもう忘れましたが、比較的差し障りのない名称でした。

つき合いのある坊さんたちが驚いて私に尋ねました。「緒方さん、なぜ本願の会と名付けたのか」って。私はこんな風に答えました。「本当はあんたたちは、オレに怒らんといかんばい。なんでおれたちに黙って勝手に本願を名のったのかって。商標登録じゃないけれど、老舗の看板のあっとこ取られたら怒らんといかんばい。ニコニコしとって喜んでるようじゃダメだって。なぜ本願の会と名付けたのかって？　あんたたちがだらしなかっけんつけたんだって」。

水俣病事件とは何なのか。公害とか訴訟とかいう国の制度によって説明され尽くせるものじゃない。平たい言葉で言うと、命の物語の歴史、もっと本質的な言い方をすれば、命の願いごとということではないだろうか。その願いというのは、実は、生きている私たちにかけられている。そのことに気付いてほしいと、目覚めて欲しいという願いがかけられているのではないでしょうか。

緒方さんは一〇畳ほどの書斎「游庵」に独り座し、あるいは訪問客と対して思考を深める。中央に直径一メートルほどの円形の囲炉裏があり、炭火が豊かに熾っている。タコの形をした吊り手のついた自在鉤が鉄瓶をぶらさげ、背後の床の間に「常世の舟　舟おろし御祝います。道子」と石牟礼道子さんが記した書が架かっている。槇の生け垣に囲まれた游庵は、軒下の幅二メートル程の道を挟んで不知火海の波打ち際と隣り合う。波よけ堤防の内側で、緒方さんの漁船「甦漁丸」が雪の沖合から押し寄せる荒波に揉まれていた。

囲炉裏の形が円いことをいぶかる私に緒方さんは言った。

「親爺（福松さん）が六十二歳で劇症型水俣病で亡くなる時に、私は一番近くにいたものだから、何か、こう親爺から何かが乗り移ったような感じがするんで。なんでしょうかね。無念さも、うらみもだろうけど。子供や孫たちがここで魚を獲ってでメシを食っていけるだろうか、生きていけるのか、という懸念だったと思います。大家族だったので、円くやっていけるか。游庵の円形の囲炉裏もそこからきているんですよ。家族皆で円くやっていけというのが親爺の遺言。激しいけいれんで、言葉にはならない。けいれんする体全身で腕を振り回して畳に円を描こうとしました。『正人、ケンカすんなよ、皆で円くやれ』って」。

「本願の会」が発行する機関誌の名は『魂うつれ』である。父親福松さんがあぐらをかいて正人少年を膝に乗せ、額をこすりつけて「魂うつれ」とあやしていた、その光景を表現している。

こうして囲炉裏端に私が座っているのも、ここでものを考えようとしているからなんです。何というんでしょうか、精神運動みたいなのが私の内部に起るんですよ。学校の授業時間中に、のような感じじゃなくて、運動の時間中に、のような感じの時に、あるいは漁に出ているときに、よくそういう感じでいろんなことに気づきます。

江戸前とか不知火海産とか、海の産物を私たちはそんな風に呼んでますね。人間以外の生きものの魚や鳥、草木やそれらのつながりの中に、たまたま人間は生物の種としているのであって、人間だけ別枠で切り離した社会の制度の中で、他の生き物には通じない貨幣価値とか損害賠償とか、潰れたような言葉で表現しているわけです。

確かに水俣病事件の中に、加害企業としての株式会社チッソが見えます。だが、もっと大きな意味では、チッソというのは国家社会の全体だと私は思ってるんですよ。長いスパンでチッソとその責任の構造を考える必要があるんです。

福島県で原発事故を起こした東京電力も、水俣病事件を起こしたチッソと同様に、会社は潰れない。共に不思議な会社ですよ。東電は第二のチッソでしょうか。

加害と被害という二極構造だけではとらえきれないところに、実は大事なものがあるように思えてくるのです。

水俣病事件も今から四〇年も前には、二極構造で捉える必要があったことは私にもよく分かります。私もこの土地で生まれ育ったから。

水俣病の原因企業を特定し、裁判という土俵、枠組みで相手をとらえ、金銭で評価して賠償を求めざるを得ない事情があって、そうしたのでしょうが、一方で加害・被害の二極構造で中では、段々説明がつかなくなっていく。

東京電力福島原発事故でますますはっきりしたように、一方で我々は電力の消費者であったりする訳で、誰しもが加害者性と被害者性とを持ち合わせざるを得なくなってきている。東電の原発事故がいい例ですよ。責任の行方としてとらえれば、チッソの中にも、国家の中にも、社会の中にも、確かに「人間がいた」という普遍性がある。それらの人間の動きが、会社とか政府とか国家とかの次元だけで止まってしまった。制度や組織の奥底で逃げ隠れしてきた人間、わが身もそこへ引き出されるのです。その悶えというのか、歯がゆさが私にはあったんですよ。

緒方さんは一九七四年、水俣病患者への認定を申請し、水俣病認定申請患者協議会に加わり活発に行動し続けた。一九七八年、県の患者認定業務の遅れに国家賠償を求めた「待たせ賃訴訟」の原告団長となった。一、二審で勝ち、上告審、差し戻し審では敗訴とされた。一九八一年に同協議会会長になったが、一九八五年に脱退し、認定申請も取り下げ、訴訟活動から身を引いた。急変の背後に何があったのか。

水俣病の公式確認三〇年（一九八六年）を前に、三十二歳の私は狂ってしまった。仕事が手につかない、いわば躁鬱状態のようになった。世の中にトリックが仕組まれていて、病気の認定基準だったり、病状の審査だったり、被害者がどうしようもない次元で、国や企業の土俵でものごとが決められていく。すべてがカネに換算され、カネの価値に変換されていく。そう考えるようになった自分をどうするか。日和見になって現実に妥協するか。私も患者と一緒に運動していましたから、それを否定して異論を唱えることはとてつもなく大変なことだったのです。敵前逃亡だ、戦線離脱だと陰口が聞こえました。妥協した方が楽だよ、孤立しないし、と一方で私も考えた。

私が向かい合って言いたかったのはカネのように姿、形がある価値ではない。私の言葉ではうまく言えないが、自分の中に精神運動を感じる感覚に通じていて、それまで考えてもみなかったものと対話し、交信出来るような感覚になっていました。伝えようによっては一〇〇％宗教化した表現になってしまいかねなかった。

他人から見たら気がふれたような、そういう状態からこう、自分で腑におちて一年ぐらい経って現世、現在の世の中に帰ってきたという感じを経験しました。

――そのような体験によって緒方さんの考えの、どこがどうそれまでとは変わったのですか。

水俣病事件で自分たちはいったい何を問われているのか。それまでは私はチッソや国の責任を問う側にいられた。「私たち自身が問われている」と考える人は、支援者にも弁護士も一人もいなかった。

――「チッソは私自身である」という被害者緒方さんの言葉に、世間は驚きました。

正確には「私もまたもう一人のチッソである」ことに気付きました。企業（チッソ）というのは現象的な責任所在地であって本質と現象とは違う、と感じ始めたのです。

あのころはまだバブル経済の盛りで、開発ラッシュでした。世の中は何でカネでこんなに堕ちるのだと思っていました。私の関心は水俣病にとどまらなかった。そこが大切なところです。水俣病だけで水俣病の本質を見るのは不充分だと思うようになりました。そういう自分の考え方、表現の仕方が爆破点にきていたのだと思います。

他の人と私の考え方が違っていったのは、私が生活の早い時期に水俣病を自分の課題として背負わなくてはならなったからでしょう。私は自分で言うのもなんだが、小さいとき親爺からの愛情に満ち足りていました。親爺はいつも私のそばにいて、漁や大人たちの集りにも私を連れて行ってくれた。その大切な存在を六歳の時に奪われた。ひらがなで自分の名前も書けなかった、お金の使い方も知らなかった私から親爺を奪われました。小、中学校でケンカばかりして厄介者扱いされました。中学を出て家出してしまう始末でした。思えば喧嘩とはいうが、子供ならではの表現の手段だったですよ。私は弱かったからよくケンカをした。あのころ人を殴り、人から殴られてよかったと今では思っています。自分で感じたことをどう表現するか、という意味で小学生のころから私の中に一貫するものがありました。「あったことは、あった」としか言えない。

そういう気持ちは私だけでなく、水俣全体の歴史にもいえると思っています。水俣病が激しく闘われていた時期は「闘争の水俣」と言われ、三里塚と並び称されていました。東の三里塚、西の水俣などと闘争拠点扱いされていました。

裁判、和解が主流になり、なにが何だか分からんような状態に今はなっている。

全体を通して水俣では何があったのか。それは表現形態の変化なのです。自分の事に重ね合わせると小、中学校生時代のケンカを経て、やむを得ずに水俣闘争に参加して、国やチッソと喧嘩するんです。その表現の形が、〝狂い〟から一二年の体験を経て、「本願の会」までいくんです。

若いころは世の中をひっくり返すとか、革命をやらんばと思って闘争主義にかぶれてました。私は好悪の感覚が中途半端じゃなかったのです。だからひっくり返る時は、ひどく、深く、ひっくり返るんですよ。自分が宗教的な感覚とか、それまで体験したことのないことを感じ取った時は、私はひっくり返るんですよ。目に見えない大きな働きというか。そういう世界から腹の底をえぐられるように、奥底を見透かされているように思えてきて。

自分では頑固になっているつもりはないんですが、動じないんですよ。世の中がどう見ようが自分はぶれない。肥後もっこすといわれますが、頑固にかたまるのではない。自然生命体に全幅の信を置くことにより確信が深まっていくのです。二心を抱かずです。

国家とは何か。私は「制度としての国家」と「生国」という対比をしています。制度としての国家は必要です。通貨もインフラも制度国家のものです。他方生国というのは命の本籍地のことではないのか。二本の足で両方の「国」にバランスよく立つのが良い。

だが戦後は制度国家に依存し過ぎて、重心のバランスが取れなくなってきている。「生国」を裏切って、海も畑も田んぼもゼニで売り飛ばして、魔界に誘われるように制度としての国家に重心が傾いてしまい、起き上がれなくなっている。私たちはそういう二重構造の中に生きているという認識が必要なのだが、世の中では制度国家・社会のことばかりが伝えられ、教え込まれる。

昔から国はいつも個人に対して国を思えと教えてきました。軍国主義が例です。では、国は一人ひとりを思うか。絶対思わないですよ。捨ててるんですよ。その薄情さが身にしみているところが私にはあるんです。

親爺に漁へ連れて行ってもらい、海の生命界の中で、命との一体感、愛されているという実感をもちました。これより上の価値はない。深い愛情というのは深い信頼ですよね。六歳でそれを一挙に失ったことが、私を〈狂わせ〉ていったのでしょう。

本願とか信仰の問題にどうしても係わってくるのは、なんというのか、信仰心みたいなものと重なってくるからでしょうね。ただし、そのことで教団化しないように、「本願の会」の始めから私は石牟礼さんや他の人たちに言ってきました。こういう考え方になろうとしてなったのではない。あるいは、本を読んでそうなったのでもない。何というのかな、何かを見てしまった。感じてしまった。

「本願の会」の活動は、火山の活動に似ているな、と思うことがあります。世界規模で異常気象、環境異変が続き、文明に行き詰まり感がでてきた。文明社会が病んでいる。世紀末みたいな状況の中で、火山のマグマのエネルギーが、噴出口を求めて地下でたぎっているという感じがするんですね。東洋文明史の上で、いまそういう働きが起こりつつあるのではないか。体制転換の革命と違って、もっと本質的な意味での文明の革命が待ち望まれているのでは。

――「本願の会」はこれから先、何を目指すのですか。

いろんな搦め手に囲まれて、水俣病の本質が分かりにくくなってしまった。今は振り出しに戻るような状態になっています。本願とは何か、より深く掘り下げていかないと。その際水俣病にこだわり過ぎて、それが特殊事情になってしまわないよう配慮しないと。

石牟礼さんは文学を、土本典昭さんはドキュメンタリー映画を通して水俣病にとどまらない普遍的な表現に到りました。水俣では他にも一人芝居や音楽、絵画も創造されています。石牟礼さんの文章に皆が惹きつけられるのは、自然生命界との対話性があるからだと私は思います。今はみんなが命のにぎわいを求めているのではないでしょうか。

水俣市明神町の国立水俣病総合研究センター・水俣病情報センターに、英文で記された「本願の会」の紹介パネルが掲示されている。ここでは「本願の会」が Club of the Original Vow と英訳されている。文案を作った同センターの保田俊昭さんは、「「本願の会」を英語に訳する時すごく困りましてね。採用したのが〝オリジナル・ヴォー〟というのですが、これは阿弥陀如来に願いをかけるときの願いです。私の理解としてはそう思っています」と説明している(『魂うつれ』第六号)。

「本願の会」は未来永劫にわたり次の事業の成就をめざす、とされている。

・水俣湾埋め立て地に対し、水俣の気候、風土になじんだ草花や木々の着床を促し、可能な限り自然環境の創造を計り、その保全のために努力すること

・水俣湾埋め立て地に終わることなく魂石(野仏)が置かれ続け、祈りが捧げられること

・安置された魂石(野仏)に魂を入れ、祈りの行事を行なうこと。

・人類が水俣で起きた様々な問題に対し、いかに無力であるかを謙虚に認識し、近代を総括し、新たな思想の地平を水俣から拓くこと

夭逝の兄弟を悼む野仏

〈インタビュー〉空しさを、礼拝するわれら

石牟礼道子
聞き手＝原剛

『苦海浄土――わが水俣病』（一九六九年刊）をはじめ、新作能「不知火」（二〇〇二年東京初演）など石牟礼道子さんの数多くの作品は、水俣病を近代化・文明の病であると透視、その犠牲となったいのちへの鎮魂と、いのちの蘇りを希求する文学とし広く読み継がれている。

筆者は毎日新聞東京本社社会部の記者として、この半世紀の間、水俣病有機水銀中毒事件や四日市大気汚染公害の報道と論説に携わってきた。

一九五四年八月一日の『熊本日日新聞』が「猫、てんかんで全滅」を報道してから半世紀、なお水俣病報道はいつ果てるともなく続いている。この間マスメディアが報道し続けてきた情報は、その量と時間の長さにおいて世界の公害報道の原点というにふさわしい。

チッソの企業責任、国や県行政の立ち遅れを追及することにより、調査報道ジャーナリズムは、基本的人権の実現へ事態転換の原動力にしばしばなりえた。また、市民運動の展開と環境意識を高めるうえで、

ジャーナリズムの提唱、キャンペーン報道は社会に大きな影響力を及ぼした。

この間、筆者は事件現場で取材対象に接近し報道しながらも、それは出来事、事件の報道にとどまり、水俣病の本質を取材し、伝えることが出来ていないのではないか、との疑問を絶ち切れないできた。疑問とは水俣病を介して実体社会と事件に直接かかわることとなった人々の思想と行動に、根源的な変革をもたらすことになった「人の心」の変化の淵源、動機にかかわる事柄である。筆者の疑問は報道対象への価値判断に立ち入ることを、意図して回避せざるを得ないマスメディアの属性に由来していると言えよう。価値観の異なる数百万人の、利害関係を異にする社会セクターを読者とする新聞の自衛本能ともいえる。

筆者のこのような、長年にわたる空隙感を埋めるべく、水俣の風土を原点とし、人間の魂のありようを模索し、気付き、記し続けている石牟礼道子さんを二〇一二年二月三日、熊本市京塚本町の山本内科病院に併設された書斎に訪れ、インタビューに応じていただいた。

——私の記憶には水俣病の認定、未認定患者の方々、裁判や和解、自主交渉の場面の数々、その場の強烈な言葉や文言のやりとりが刻まれています。ヘドロ埋め立て以前の入江の奥の漁村の光景や患者の表情、言葉が鮮やかに思い起こされます。今日は再び社会部記者に戻り、いくつかの疑問について質問します。

石牟礼さんは杉本雄・栄子夫妻や緒方正人さんたち水俣病患者たちと語らって一九九四年「本願の会」をつくりました。本願とは菩薩が過去世において発起した衆生済度のことです。一九九四年三月二日、田上義春さんや浜元二徳さんら一七名の水俣病患者有志が「本願の書」で会の目的を明らかにしました。

「産業文明の毒水は海の生き物から人間までも、なんとあまたの生き物たちを毒殺したのか。この原罪は消し去ることの出来ない史実であり、人類史に人間として永久に刻みこまれなければなりません。その意味から、埋め立てられた苦海の地に数多くの石像（小さな野仏さま）を祀り、ぬかずいて手を合わせ、人間の罪深さに思いをいたし、共にせめて魂の救われるよう祈りを続けたいと思うのです。

病み続ける彼の地を、水俣病事件のあまねく魂の浄土として解き放たれんことを強く願うものです。」

私の印象では杉本さんをはじめ、本願の会に加わった人々が、自らはそれと意識することなく、この現実社会でいわば菩薩のような役割を任っており、本願にいう六道をさまよい浄土へ導かれ救済される衆生とは、文明社会に生きる全ての人を含む人間存在そのものであるように思えるのですが。

杉本栄子さんは菩薩さまです。現代の菩薩さまです。観音さまか菩薩さまか、私はずっとそう思っていましたので、今菩薩さまと言っていただいたので、ああ嬉しいなと思いました。

杉本栄子さんが入退院をくりかえしていたころ、体調がいいとき海栄丸を駆って、朝、明けきれない時刻から漁に出ていました。漁があった日はエンジンの音が快よく響くんで、市場でとってくれない小さな魚とか、網にひっかかって千切れた魚を欲しがって、ネコたちやキツネたちがつま先立って、頂戴するような雰囲気で船着き場に集まってくるんだそうです。栄子さんはソイ、ソイ、ソイ（ホラ、ホラ、ホラ）と言って魚を放すとネコもキツネもそれをくわえて帰っていく。

栄子さんの船が出るとき、村の子供たちは気配で知っていて寄ってくるんです。学校に行かないで乗せてもらって漁の仕方を学べるし、魚も分けてもらえるからです。「お前また遊びに来んね。たまにゃ学校にも行かんば、学校の先生は給料の減っとぞ。ちっとは義理ちゅうもんば考えて学校にも行け。落第もせんごつ」。そう言われて栄子さんに育てられた人が沢山いるんです。

＊杉本栄子　水俣湾の南、袋湾に面した茂道漁村で追い込み漁、地曳網漁などを生業とする漁家（網元）杉本進、トシ夫妻の娘。トシは一九五九年、進は一九六九年水俣病で死亡。栄子は一九七三年、夫の雄も一九八一年に水俣病と認定された。「水俣病はのさり（天からの贈り物）、私の守護神たい。病気の御蔭で人にも魚にもよう出会う」「有難う、みんな生きとっとばい。だいじにせんば」の言葉を残し、二〇〇八年二月死亡。

栄子さんが入院しているとき言うには、「私はもうなにもかも許すことにした。父親が人を憎むなと言っていた。人の言うことに腹が立った時は、自分が変わらないと、人は変えられんと父さんが言い続けていた。最初はいじめられた人に仕返しをしようと、今に見ておれと、そう考えると大変辛い。体にはぎりぎり刺すような痛みがある。物は握れない。歩けない。不自由な体ですが『許す』ことで心が楽になった」。栄子さんは、知らないということが一番の罪ともおっしゃっていた。

「水俣病という荷物を私たちが全部荷っていく」とも。最初は「カネはいらん、チッソの社員の妻子に水銀母液ば飲んでもらう」とおっしゃっていましたが、最後にはその「水俣病は全部私たちが荷のうていく」とおっしゃっていた。でも栄子さんは「ほんとうはまだ私は生きておりたか」ともおっしゃっていました。私たちとの絆がそこにあります。

――『苦海浄土――わが水俣病』、第一章「椿の海」の扉に「繋がぬ沖の捨小舟　生死の苦海果もなし」と記されています。「法華経」の経文ですね。

わが家には御詠歌集が何冊かありました。ヒラヒラと折りたたみ式のご詠歌集の中に記されていました。私の祖父とその姉さん三人が四国の聖地巡礼をしている時に、どこかのお寺で買い求めたものでしょう。法華経にあるかもしれません。

――たしかに「本願の会」の水俣病患者会員の人たちの言動には、菩薩を思わせるものがあります。しかしそれ以前に、例えば緒方正人さんの気迫から、不知火海の万物のいのちとの一体感、つながりの強さを実感させられます。「本願の書」は水俣湾を魚たちの母胎と表現し、そのいのちによって私たちは養われている、と述べています。

『苦海浄土』の法華経の言葉に、地獄の苦痛を体験した涯の患者たちが己れの生命を賭けて応えた。それが「本願の会」の意味なのではないでしょうか。

石牟礼さんの創作「花を奉るの辞」について質問させてください。「熊本無量山真宗寺の御遠忌のために」とされています。なぜそのお寺さんへ。

『苦海浄土』を書いているころでした。ある日、熊本市にある浄土真宗のお寺の娘さんという方が、私を訪ねて来ました。「お寺に話をしに来てほしい」ということでしたが、住職は警察につかまったりする青少年達を寺に引き取り一緒に暮らしているとのこと。

ご住職は親鸞の自称愚禿にならい「自分をハゲと呼べ」と言い、青年たちから「ハゲちゃん」と呼ばれて嬉しがっている人です。

私は十六歳で代用教員をしていました。本当は制服を着て女子高へ行きたかった。夕方になると八代高女の同じ年頃の娘たちが窓の下を通っていくのを見て、涙をポロポロ流していました。教え子のわんぱくたちが見咎めて「先生、なして泣くと」と言って背中をなでるのです。嬉しかった。そのことを思い出して、真宗寺の不良少年たちと仲良くなっていきました。優等生よりか、ちょっと悪いことをするような子供たちが私は好きなのです。

「花を奉るの辞」は、ハゲちゃんから頼まれて書きました。親鸞さんの何回目かの御遠忌をするので、現代に合った表白文を書いて欲しいと頼まれて、何か詩経のようなものを書きたいと思いました。今の、この世の全体を、近代の合理主義がもたらした今の社会状態をどう見ればよいのか。詩に表現すればどうなるだろうか。

直接「水俣病」という言葉を出さないで、現代人の心の深部に届くような言葉を、詩人であれば書かなきゃならないと思って、考えて、考えて、こういう言葉にしました。言葉でつながりたいというのはこころでつながりたい、つながらなくては、と長い間思っていましたので。

――この文章を書いている時には、石牟礼さんは、ご自身が御存知の誰か、つまり、具体的な人間像を思い浮かべていたのでしょうか。

具体的な人間像ばかりが思い浮かびます。私はそういう人たちに囲まれて育ちました。ものを考えてきました。

――「花を奉るの辞」の全文を引用します。

花を奉るの辞

春風萠すといえども　われら人類の劫塵いまや累《かさ》なりて　三界いわん方なく昏し　まなこを沈めてわずかに日々を忍ぶに　なにに誘なわるるにや　虚空遥かに一連の花　まさに咲《ひら》かんとするを聴く　ひとひらの花弁　彼方に身じろぐを　まぼろしの如くに視れば　常世なる仄明かりを　花その懐に抱けり　常世の仄明かりとは　この界にあけしことなき闇の謂《いい》にして　われら世々の悲願をあらわせり　かの一

不知火海、生命の潮流に不屈の意志がたゆとう

輪を拝受して今日《こんにち》の魂に奉らんとす
　花や何　ひとそれぞれの涙のしずくに洗われて咲き出づるなり　花やまた何　亡き人を偲ぶよすがを探さんとするに　声に出せぬ胸底の想いあり　そを取りて花となし　み灯りにせんとや願う　灯らんとして消ゆる言の葉といえども　いずれ冥途の風の中にて　おのおのひとりゆくときの花あかりなるを
　この世を有縁という　あるいは無縁ともいう　その境界にありて　ただ夢のごとくなるも花　かえりみれば　まなうらにあるものたちの御形　かりそめの姿なれどもおろそかならず　ゆえにわれら　この空しきを礼拝す　然して空しとは云わず
　現世はいよいよ地獄とや云わん　虚無とや云わん　ただ滅亡の世迫るを待つのみか　ここに於いてわれらなお地上に開く一輪の花の力を念じて合掌す

「花を奉るの辞」という題ですが、現代人の心を花にたとえれば、どういう風にとらえられるだろうか。逆に花のほうからみれば、人間は花と交流できるだろうか。花の方から見れば、人間の心がよく見える、という風に書きたいと思いました。そこには具体的な人間像ばかりが思い浮かびます。

――いのちの賑わいを取り戻せ、というのが「本願の会」の合言葉の一つになっているように思えます。水俣のいのちの賑わいの象徴、いのちの大王みたいな存在が妖怪ガゴではないでしょうか。今ではチッソのカーバイト残渣の埋め立て地にされてしまった弓なりの海岸線（「大廻《うまわ》りの塘《とも》」）のあたりにガゴたち住んでいて、人間とふれ合う物語が伝わっています。

ガゴとの出会いを物語る人は、自分は生きているということ、人間世界よりももっと濃密な生き物の世界に入り込んで、ガゴの仲間でもあるかのような気分で物語を創作するのです。私は子供のころ大廻りの塘で遊ぶのが大好きで、ススキの草むらに分け入ってキツネになりたくて「コン、コン」と鳴いたりしていました。よかおなごに化けたくて（笑）。

夕方遅くまで遊んでいるとガゴが出てくると大人たちにおどかされました。ガゴは後からかぶさってきてガジ、ガジ、ガジと噛むのだそうです。そのガジがちっとも痛くない。甘噛みなんですよ。水俣の到るところにガゴがいて、田平のタゼとか、モタンのモゼとか、ガゴには戸籍があるんです。

――二〇〇六年五月一日、水俣病公式確認五〇年の『西日本新聞』の社説「水俣の苦しみを自らの痛みに」に注目しました。

「石牟礼道子さんが『苦海浄土――わが水俣病』で悲しくも美しく描いているように、この地の人は大昔から海山の生き物、精霊たちと濃密に交わってきました」。精霊がこの社説に二カ所でてきます。私も『毎日新聞』に水俣の社説を何回か書きましたが「精霊」の存在、まして人々と精霊の濃密な付き合いなどという記述は思いもよりませんでした。さすが『西日本』の社説だと思いました。どうして水俣の苦しみの中で精霊たちとの濃密な交歓、いのちの交流がクローズアップされたのでしょうか。

余りにも苛酷だからでしょうね、水俣病問題が。厖大でつかめない。その時に仏さまからの頼みの綱が、芥川（龍之介）が書いたあの一本の綱が目の前に降りてきて、それにとりすがる。精霊とは命綱、精神のいのち綱ではなかったのでしょうか。

――東日本大震災の現場を私も取材しました。伝えるべき言葉を根底から失い、形あるもの全てが失せてしまった現場に立ち尽くしました。多くの大事故の取材の経験を超える、異様な衝撃を受けました。虚無感が迫ってきたというか。

山の中腹や聖俗の境目の高台に神社と寺が残り、そこに被災者が避難と慰霊のために集まっていました。瓦礫の壁の方々には宮澤賢治の詩〝雨ニモ負ケズ〟がなぐり書きされていました。

東日本大震災のことで何かを言えと仰言いますけれども、言葉がないんですね。言えばいうほど空しくなると皆さん思っていらっしゃる。

空しさを抱えている。その空しさを抱えていることに意味があると思います。希望へと、希望を彼方に望みみて。三月十一日を忘れない日本人。どんな姿をしていても、どんなに言葉を言い損なっても、しっかりと三月十一日を刻み込んでいる。

それは過去の、人間の原罪につながりますね。原罪を自覚出来るが故に、この空しさを、礼拝するわれら、という意味です。それで日本人は今とても謙虚になっているんじゃないでしょうか。

補　京都から何を学ぶか

ディープエコロジーとしての日本的自然観

嶋田文恵

なぜこうも、京都は我々を惹きつけるのか。日本人にとっての京都の魅力をさぐることで、私たちが意識、無意識に持っている精神文化、とりわけそのうちの自然観について考え、日本的自然観、精神文化が、直面している深刻な環境問題に対してなし得る可能性は何か、を述べる。

❖京都の魅力・その一——自然力

日本列島は、鮮烈に移り変わる四季、海、山、川、森など起伏に富んだ地勢、多様な生き物たちが息づく自然豊かな美しい風土を持つ。この自然風土こそが、日本人の自然崇拝、日本型アニミズムをつくったと言われている。森羅万象、万物には精霊、神が宿るという考え方である。私たちの祖先は、人知を超えた自然の神秘さ、偉大さ、厳しさ、豊かさに、畏怖や畏敬、感謝の念を抱いたのではないだろうか。

食事の時の「いただきます（あなたのいのちをいただき生かしていただきます）」や「もったいない」の言葉は、〝いただいた〟いのちやモノへの感謝の表れであり、現代にも（真意はともかくとして）受け継がれている。現代の日本人は、自然やモノの中に霊性や神性を感じ取る力を、失ってしまったかのように見える。だが、私たちは自然を求めて郊外へ行き、春は桜を愛で秋には紅葉を楽しむ。本能は、自然がココロとカラダを元気にしてくれる癒しの力を持つことを、忘れてはいないのだ。

京都もまた、自然の美しい街である。桓武天皇が遷都にあたり調査させた地相は、「四神相応之地」であり、四神のシンボル通り山、川、池、道がある山紫水明の地である。周囲の山や川には、奥深い自然に多様な生き物が生息し、街中には、自然の地形や季節の木々、花々を取り入れた美しい庭園や神社仏閣、街並みがある。長い歴史の中で培われ洗練されてきた美意識は、食べ物やお菓子、芸術芸能など生活文化のあらゆる場面にも反映されている。

このような京都は、街自体が強力なパワースポットである。その中でも特にパワーの強い場として人気があるのが鞍馬寺だ。京都の北、山深い鞍馬山にあり、一帯は自然の宝庫だ。信楽香仁貫主が「地球・大地のエネルギーが現れている」とおっしゃるように、とりわけ木の根道から大杉苑瞑想道場、さらに奥の院の魔王殿の磐座では、何か強い霊気のようなものを感じる。鞍馬山を越えると、清らかな貴船川の流れに沿って貴船神社がある。御祭神は「水を司り給ふ」タカオカミで、龍神信仰がある。龍神は雨を司る。いのちの水、清めの水である。それにふさわしい澄み切った水と神聖な気に包まれている。

私たちは、このような自然の中の神聖な場に身を置くとき、そこに明確にカミやホトケを意識するわけではないが、目に見えない、言葉にできない何かを感じ取っているのではないだろうか。だからこそ、私たちの祖先はそこに神や仏を祀ってきたのだろう。

人々に癒しと浄化を与えてくれる京都の自然力、土地の力に、人々は引き寄せられるのではないだろうか。

❖京都の魅力・その二――カミ・ホトケ力

日本の気候風土が作り上げた日本型アニミズムは、日本の原始宗教といわれる古神道をベースに、仏教、道教、儒教などの外来宗教を融合し変容させていった。また日本文化は、漢字や法社会制度などの外来文化を取り込み日本風にアレンジしてきた。

現代では、日本人はクリスマスを祝い、お寺で除夜の鐘を突き、神社に初詣に行くことに何の矛盾も感じていない。よく言えば〝寛容〟、悪く言えば〝節操のなさ〟ということだろうが、これは私たち先祖からのDNAのなせる技かもしれない。私たちの精神には本来多様な文化が融合している。

日本文化の基底にあるのは、日本型アニミズムと仏教である。仏教の根本原理である〝縁起〟の思想は、「いかなる存在も因と縁によって存在し、他の存在と無関係に独立して存在することはできない」（法然院梶田真章貫主）であり、我々は「生かされ生きている」のであって、すべてはつながりの中で影響し合い、生かし合っている。曼荼羅図やインドラ網はその思想を具現化している。

「本覚思想」に代表される万人成仏主義は、すべての人間にはもともと仏性が備わっており、「一切衆生悉有仏性」「山川草木悉皆成仏」、一切の衆生、山川草木にいたるまですべては仏性を宿しており、成仏できるという考え方である。仏教のこれらの思想は、現代風にいえば、極めてディープなエコロジー思想といえよう。

里山には、日本型アニミズムがよく表れている。里山は、人間が住む里と神々の住む山の間に位置する現世と常世の結界点であり、山野草や獣、落ち葉や薪など、神々が山の恵みを人間に供給してくれる場でもあった。広い意味では小川や水田を含み、山の神々は春になると野や田に降りてきて「田の神」になり、秋には山に戻っていった。私たちの先祖は、ついこの間までこのような暮らしをしていたのだ。里山は人の手が入ることで自然が保全され、多様な生物が生息する地であることから、近年の環境意識の高まりにあって再び注目を集めている。

神社仏閣もまた、現世（現生、現代）とあの世（死後、宇宙）をつなぐ出入り口である。神道にはもともと建築物はなく、仏教が大きな伽藍を建設するようになると共に、神社も社殿を建設するようになったそうだが、神社や仏閣は文字通り神々や仏さまとの出会いの場である。人々はお伊勢参りや熊野詣、八十八カ所巡りなど、いつの時代も聖なる場所に巡礼に出かけてきた。古今東西、人間は聖なる地や場に行くことでカミに会い、浄化と癒しをしてきたのだ。近代以降、身近な自然や里山が急激に失われていく中で、私たちは急速にカミ・ホトケとの出会いの場も失った。

京都は、現代日本に残されたカミ・ホトケと出会うことのできる貴重な場所である。この世とあの世をつなぐ出入り口であり、現代版里山の役目を果たしているのではないだろうか。現代人は、無意識の奥深い領域に霊性・神性を押しやってしまった。京都のカミ・ホトケ力はそれらを呼び覚ます。我々ははその力に引き寄せられ、京都を訪れるのだろう。

❖近代の〝新興宗教〟

環境問題が今日のように地球規模へと広がった分岐点は、産業革命といわれている。産業革命以降ヨーロッパは世界へ進出し、各地の先住民を排除し、白人を入植させた。同時に、キリスト教こそが先進的宗教と位置づけ、アニミズムは原始的な未開社会のものであると見なし、世界各地の宗教や習俗に見られたアニミズムを破壊した。ヨーロッパがもたらした産業社会の拡大は、環境問題の地球化でもあった。

日本もまた明治以降、西洋文化がどっと流れ込み、それまでの日本の精神文化は大きく変容した。近代の資本主義社会システムは、産業化、合理化、効率化、科学万能主義を推し進め、精神的なものの価値を切り捨て、モノに価値をおく物質主義に侵されてしまった。自然は人間の利益のために存在し、支配されるものに変容した。その結果、日本の美しい自然は破壊され、いのちよりも経済が優先され、各地に深刻な公害問題を引き起こすに至った。その典型的な例が水俣である。

近代の社会システムは、私たち日本人に身近な自然信仰＝カミ・ホトケを捨て、代わりに「物質教」＝「モノをたくさんもてば幸せになれるという〝新興宗教〟」を信仰せよ、と教えてきたのではないか。そして私たちはその通り信仰し、せっせと西洋を真似、侵略戦争をし、高度な資本主義社会を形成し、人間を単なる労働力として扱い、モノをたくさん作り、売り、所有してきた。

しかし、その〝信仰〟は、私たちを救ってくれたのか。確かにモノは豊かになり生活は便利になった。飢えて亡くなる人は滅多にいなくなった。しかし、どんなにモノを所有しても、私たちの心は満たされないことは、今や多くの日本人が心身のバランスを崩し、うつ病や引きこもり、年間三万人もの自殺者を出すにいたった現実が物語っている。この〝物質信仰〟はモノと便利さの引替えに、深刻な自然破壊と精神破壊をもたらしたのだ。それが今や世界に蔓延し、地球存続の危機にまで至っている。私たちは、この信仰が持続可能でなく、もう限界にきていることを知っている。次なるステージへ向けて着々と準備を進めなければいけない状況にきているのだ。

❖つながりの再構築

新しいパラダイムが求められている今、私たち日本人が貢献できることは何だろうか。

その一つは、これまで述べてきた日本型アニミズム的自然観と、仏教のディープエコロジーであると考える。近代化の中で失ってしまったものは大きいが、この豊かな自然あふれる日本列島の中で培ってきた先祖たちのＤＮＡは、現代人の私たちの中にも消滅せずに引き継がれているはずである。

すべては〝縁起〟であり、地球と地球上の生き物はすべてつながりあっている。このことを本当に再認識できれば、自分さえよければ、今さえよければ、といった利己的な発想、後先考えぬ地球資源の無駄使いから抜け出すことができるだろう。万物の中にカミを見るという日本型アニミズムは、人間が生物種の頂点にいるという傲慢な考え方を修正する手助けになるだろう。私たちはありがたいことに「おかげさま」という言葉を持っている。

〝物質信仰〟は、心を満たすことなく、限りない欲望を生み出す。その限りない欲望が、限りある地球資源のあくなき収奪を招いている。では、人はどうしたら「足るを知る」ことができるのか。

〝物質信仰〟は、人よりもモノ、自然よりもモノ、カミ・ホトケよりもモノとカネを信頼することで、人と人、人と自然、人とカミ・ホトケとのつながりを断ち切ってしまった。私たちは今一度、インドラ網のように、いのちの曼荼羅図のように、この世界は本来、宇宙を含めたすべてのつながりの中にあることを思い出さなければならない。人はつながりの中でしか、本当の幸福感を得ることはできないからだ。この充足感を取り戻すことによって、人は基本的要求以上をモノで満たそうとしなくなるだろう。日本に息づく本来の「和」の精神は、その助けになるだろう。

こうした動きはすでに始まっている。田舎や農業への回帰志向、パーマカルチャーやピークオイルを考えたトランジションムーブメント、地域での助け合いや地域通貨、エコビレッジやコウハウジングなど、人々は持続可能な平和な社会に向けて、まずは生活面から人や地域、自然とのつながりの再構築に動き出した。ビジネスや経済の世界にも広がっているこうした動きは、現在の古い価値観を壊し、新しいパラダイムを生み出す原動力となるだろう。再生水俣も、すでにそうした動きの中にある。

私たちの先祖には、人間もまた宇宙の一部なのだという悟りへの道を説いた最澄や空海といったディープエコロジストたちがいる。近いところでは熊沢蕃山や安藤昌益、南方熊楠といった、極めて優れたエコロジストたちがいる。こうした日本の先人たちの思想を活かし、世界へ発信していくことは、西洋的価値観こそがグローバルスタンダードとする世界のパラダイム転換にとって有益であろう。近代技術から忘れられてきた日本型エコ技術、例えば江戸のリサイクルシステムやあまたの小川を利用する小水力発電などの見直しも大きな力になるだろう。これらは私にとっても今後の課題である。

京都は、我々に自然=カミ・ホトケとのつながりを覚醒させてくれる、貴重な日本のパワースポットの代表である。受け継がれてきた日本の精神文化、自然観は、これからの

貴船の川床（撮影・原剛）

持続可能な平和な地球実現にあたって、大きな役割を持つだろう。しかし本当のところ、カミさまはどこにでもいることを私たちは知っている。我々は本来すでにディープエコロジストなのだ。それを思い出させてくれる金子みすずの詩で締めくくりたい。

「蜂と神さま」
蜂はお花のなかに、
お花はお庭のなかに、
お庭は土塀のなかに、
土塀は町のなかに、
町は日本のなかに、
日本は世界のなかに、
世界は神さまのなかに。

そうして、そうして、神さまは、
小ちゃな蜂のなかに。

自然共生と神仏習合に期待する環境世直し

草野　洋

❖京都までの道程

環境問題は人間が引き起こした因果である。原因は人間自身であり、人間の欲望や利益の追求行為の結果である。故に人間が自ら「心と行い」を改めることが、環境問題の解決の唯一の道と考えれば、新たな期待が見えてくるような気がする。

それは水俣の「もやい直し」や高畠（山形県）の共生社会の成立に見るような、環境キーパーソンを増やすことであり、それが成果を上げるためには、その母体である市民そのものに「日本人の心のＤＮＡ」として内在している宗教観や文化観に基づく判断や行動をもってして、環境問題の本質である文化や地域の分断を阻み再構築する。それが身近な環境問題に対処する、いわゆる「世直し」への期待となるのではないだろうか。

考えてみれば、水俣も高畠の試みも自然への思いや命を大事にする心、人への慈しみなど、宗教とまでは言わなくても日本人の心に訴えたものである。世直しは誰がどのようにやるのか、できるのか、そこにはそのヒントがあるような気がして銀杏が金色に輝く京都に立った。

結論から言うと、今回の京都における登場人物の姿や言葉に触れ、宗教における環境問題の世直しの可能性と役割が非常に大きいことを確信した。

❖森の中の老大木

鞍馬寺の信楽香仁貫主は、八十五歳とは思えぬ張りのあるお声、艶のあるお顔の老女であらせられた。そのお顔を拝見するだけで和顔施の施しを受けた気分になった。それは鞍馬山の大木の中の最老木然としたお姿で、数多の壮若幼齢木を見守る姿を髣髴させるお方であった。

その穏やかなお姿全身から言霊が響き、鞍馬のお山を介して語る。

(一) 羅網

この世のすべてのものは、網の目のようにお互いに関わり合い響きあって存在する。宇宙の大生命、森羅万象を包む大いなるいのちの縁の糸で時空を超えて結ばれている。あなたも、私も、花も、羅網の宝珠のひとつ。網の目の一つが動けば、その響きは四方八方、いや結ばれている命の十方法界(八方に天と地を加えた)に伝わっていく。

網の目の一点は世界に続く一点であり、宇宙に響く一点なのである。羅網は網のひとつひとつの結び目が宝石(宝珠)になっていて、お互いがお互いを照らしあっている。必要とし合い、よさを出し合う。

本殿に懸かる羅網はイメージとして見えるものであるが、本来は人々の心の中に懸って見えない無限のものであろう。

人は決して一人ではなく一つではない。網羅のように社会・宇宙を構成するものが、宝石の網で繫がっていると考えれば見えてくるものがある。

「いのち」とは役割、皆が幸せになることとはそれぞれの役割を果たすこと、石も樹も鳥もいのちがある。役割《いのち》のつながりが羅網であり、羅網が断ち切られるとき災いが起こる。この災いは環境問題でもあり、世の中のあらゆる問題や個人の問題でもある、と捉えてみると納得がいく。

(二) 尊天(宇宙の力)

鞍馬寺は三身一体の三尊を本尊として、その教えを説く。

一つは毘沙門天王、太陽をあらわし光により暖かさを注ぎ、一つは千手観世音菩薩、月を象徴して美しさと愛を表し、一つは護法魔王尊、大地を象徴し強さと力を担う。

尊天を信じ、一人ひとりが尊天の世界に近づき、ついには尊天と合一するために、自分の霊性にめざめ自分にあたえられた生命を輝かせながら、明るく正しく力強く生きてゆくことを導いている。

（三）生活即信仰

鞍馬の教えは生活に密着するものである。一日一日をどう生きるか、何を目指すか、宗派も国境も人種の垣根も越え、ひたすら人類の目覚めを促す懐の深い宗教として、日々の生活の中での処し方を示唆する。縄文人のセンサーを退化させるな。自然が語る言葉を聴けるか。機械文明や便利さの対極に自然の心や「いのち」を置いて考えよ、と。

鞍馬寺は北方の守り、何から護ろうとするのか。暮らしの中の大切な自然界を人間の自己欲から守るために神仏を鎮座せしめたものではないだろうか。毘沙門天様、かざす左手の先に未来の人々の幸福な暮らしが見えていますか？

鞍馬の山の風は吹くというより、樹木から樹木に何者かが渡るという感じであった。その中で読んだ拙句。

小春西日《にしび》浴び　鞍馬は北方《きた》を　護りける
気度《かぜわた》る　大杉権現《さま》の　梢越え

❖不滅の法灯の前の剛いこころ

比叡山は都の北東に在って鬼門から人々を守る。早朝の冷気の中の読経が何のためらいもなく心に沁みてくる。

そして、大僧正が説く法話の言霊が響く。

「現世は心と身体のバランスが崩れている。一人ひとりが相手の立場に立って考え、自分のできることを精一杯行うことで周りが良くなっていく。個々が思いやりをもって一隅を照らす人になろう。一は必ず百になるが、零は百にはならない。少しずつ変えていこう」。

人間の弱い心を邪気から守る北東の守り、比叡山を一人ひとりが持たなければならない。そう呟くかのように、夜明けの冷気の中、薄暗い講堂に比叡の不滅の法灯が揺らめいていた。

❖貴船の水の気

貴船神社は水の神様。その気は貴船川を流れて都へ至り人々を邪気から守る。人々の生活になくてはならない水を司る神である。

高井宮司の風貌と語りは水のようなしなやかさを以って心に沁みてきた。水は器によってどのようにも形を変えるが水は水であり変わらない、その水のようなしなやかさを以って大自然や心に神を抱くことの大切さを説く。

「宗教は人が創造したものであり人のためにある。その宗教には信じる宗教と感じる宗教があり、神道は感じる宗

鞍馬寺での授業風景

教であって、人々が日常生活の中でも神を感じる世界である」。貴船のお社や大木、せせらぎ、川面の石までも神が宿るかと感じさせられる。これが日本人の環境保護の原点であろう。貴船の緑（気）は身体の中が緑に染まる感覚にさえしてくれる。神のそばに寄り添うことで癒しを感じる。

地球環境を守るのは科学技術だけではできない。国民一人一人の魂の回帰が大切である。そのためには日本人が魂のDNAとして持っている神への思いを揺り動かすことであろう。

なにごとのおわしますかは知らねどもかたじけなさに
涙こぼるる

神道には苦い過去があり、トラウマがある。それは国家神道として不本意にも人々を誤った方向に導いたことである。そのことを乗り越え、理屈抜きの八正道で導く神道には、日本人の心の原点に訴えるものがあると思う。

高井宮司は神道の祭司であり、しなやかな心の持ち主。「神仏霊場すべてがその任に当たるべきであり、神仏が仲よくすることで民衆が安心する」と説く。そして子供世代へのアプローチの重要性を思って実践されているという。

神道は宗教として教祖と教義がないというが、「感じる宗教」として今こそ、その神髄を人々に説く時勢ではなかろうか。

❖慈愛の微笑で法を説く

法然院の梶田真章貫主は不思議な微笑みを浮かべて法を説く人であった。私はこれまでこのような笑みに接したことがない。その笑みは最初、あなたの心の中が見えますよと言っているようであったが、そのうちにこれが慈愛の笑みであり和顔施なのだと感じた。

梶田貫主は説く。

われわれはなぜ苦しいか。それは欲があるから。何故、環境問題が起きるか、それは人の欲がなせるわざ、今の世の中の人間はどうしようもない人間と観念する、さすれば救われる。救われる方法は、修行の自力本願と仏の力に頼りひたすら念仏を唱える他力（仏力）本願がある。

寺は世の中の様々な問題にまじめに立ち向かったか。なぜに、このような体たらくの世になることを看過したのか。それは寺院が死んだ者を中心の先祖供養や観光を重視し、仏さまの方ばかり向いて民衆に向いて法を説いてこなかったから。

寺は帰ってくるところ。家や会社に役割を見つけたら寺はいらない。宗教は、聞いておいて人生の中で消化するもの、異常事態に必要なもの、それが仏教。

今の世は異常事態。そして、お釈迦様の悟りから判るのは、いかなる（環境問題の）存在も因（原因）縁（条件）が整うことによって存在しているから、他の存在と無関係に独立して存在するものでない。万物は現象として存在するが普遍の実態としては存在しない。

つまり、現在の結果はその原因で始まっており、結果だけを嘆いても往生（再生）できないということか。法然上人曰く、往生は一定と思えば一定、不定と思えば不定、可能であると思えば可能、不可能であると思えば不可能なり。

往生とは極楽浄土で生まれ変わること、環境問題からの世直しも往生であるとすれば、「可能と思えば可能なり」に我が意を得た思いがした。

そして人間は変われるもの、ただ、この複雑な因縁は念仏を唱えるのみでは往生しないであろう。

「人間が善人への追求をもつ間は、自力本願で往生できると言うが、環境問題のいくつかは待ったなしのものがあるが、それで間に合うのか」との塾生の問いに、梶田貫主は、「現在の大人を律するために、法律でしばるのもしかたがない。しかし、子供たちには仏教の慈悲（生きとし生けるものに対する友情と同情）の心を植え付ければ世の中

貴船神社は境内至るところに水の神を祭る

は変わる」と、あの不思議な微笑を浮かべて答えた。

❖日本人の「心の里帰り」と宗教への期待

魅力的な登場人物の言霊に触れるうちに、いつしか自分のいのち（役割）を問うことになっていった。

太陽に手を合わせる習慣、水を清浄とおもう心、いずれは大地に還るという潔さ、祖先を敬い、仏の教えで自我実現しようとする思いは日本人の文化環境の中で培われてきたのであり、日本人が伝統的に培った仏教や神道に代表される文化観の中に底力を見た思いがする。

宗教は日本人の力を再生して諸問題の因縁から脱する可能性を持っている。それには時間も必要。それまでは政治や行政を北方の守りとして機能させ、共生型地域社会の成立と普及に力を注ぐことである。宗教には、日本社会が本当に自力本願出来ない時、お出まし願うとして、それまでは日本人の心のバックボーンとして来るべき未来が悲観的でないことを、日本人にはそれが出来る民族であることを説き続ける存在であってほしい。

宗教には、神仏を使って自己の欲望を満たそうとする呪術宗教でなく、本質的な存在である宇宙の永続の中で、人間生活の幸福を守り続ける存在であってほしい。

極楽往生や現世の利益を追求するための仏や先祖ばかりでなく、民衆を向いて法を説くことが求められている。この世を善くし、この世で幸せに暮らすための宗教として。

講座を通して実践者と政治・行政の担当者、そして宗教者の語る言葉の響きの違いを大いに感じた。実践者の草の根の活動、政治・行政は全体を義務的に、宗教者は草の根も全体も見て慈愛で語れる存在ではないだろうか。

日本中に寺院七万五千社、神社七万九千社があるという。いまこそ、それらの寺社や鎮守の森、神が宿る森林や大樹や水、それらを守る人々や集落、風土、風景をもとに日本人の「心の里帰り」をさせる役割を期待して止まない。

京都には凝縮された歴史・文化と人間の心を浄化する宗教が在る。京都は日本人であろうと外国人であろうと、若者であろうと人間が引き起こす環境問題の解決の糸口を見つけ出すのに誠にふさわしい場所性がある。それは考えるのでなく感じる感覚、人間の霊性（生命性）を研ぎ澄ますものである。京都は人間の潜在意識を呼び覚まし、生き方を見直させる機能を持つ都市である。

現代への翻訳、体系化を

竹内克之

❖信楽香仁貫主講義

(一)「羅網」について

羅網の概念は、どのような文化の人にも受け入れられやすい考えであると思う。しかし、その考えに鞍馬山に棲む全ての生物、あるいは石のような物質までもが含まれた繋がりとして捉えられている点には少し驚かされた。

以前、アメリカ人と「人間は動物か、動物でないか」という点で意見が分かれたことがあった。そのアメリカ人は、人間は動物とは違う存在と考えており、人間社会を超えて、石とか虫けらも含めて自然界が繋がっているという概念は、おそらくすぐには理解しがたかったのではないかと思う。今回は日本人だけの合宿だったので、他のアジア人やヨーロッパ人も一緒に話を聞くと、さらに興味深い合宿になった気がする。

(二)「羅網」の気づきについて

「鞍馬山一体は、大自然の宝庫です」とあるが、鞍馬山は一見日本のどこにでもある普通の山のようにも見え、もしかしたら知床半島の方が、遠景が見える点で「大」自然のような気がする。おそらく物理的な距離は「大自然」「中自然」「小自然」の概念とは関係なく、受け取る側の実感、驚きの大きさ、感受性の強さを表しているのかもしれない。

その一方で、「気」の説明を受けると、何か違った山のようにも感じられる。鞍馬山の持つ特殊性が「大自然」を感じさせ、羅網の考えを導き出させたのか、あるいは古代日本人の生活圏では鞍馬山も「大」自然だったのか、それとも古代人の持っていた感性が偶然鞍馬山と結びついたのかは、客観的な目で検証してみる必要がある。

鞍馬山の身近な自然から帰納的に羅網の概念に気づき、その概念を宇宙の真理にまで演繹的に広げるまで深く考え抜いた鞍馬寺の先人には素直に頭が下がる思いがする。

信楽香仁貫主としては、「尊天」や「羅網」について、教団を上げて発信していくことにはあまり興味がないように感じられたが、むしろ積極的に伝えていくべきことと感じた。もっともこの部分は「早稲田環境塾」がさらにわかりやすく翻訳の上、世界に発信するべきなのかもしれない。

(三) 仏教と日常生活について

普段、何気なく使っている言葉(たとえば、人間)が実は仏教用語であることなど、仏教の考えが日常生活に深く溶け込んでいること、私たちの生活が仏教に支えられていることに改めて気づかされた。

(四) 所感

高名な方というより、すぐ近所に住んでいらっしゃる方の話を聞いているような語り口で、とても親しみを感じた。

❖高井和大宮司講義

(一) 木と森の文化について

貴船神社での講義を聞き、奥宮まで歩いたことで、日本の文化のベースに木や森の文化があることが実感できた。今日、私たちの生活は水道の蛇口をひねれば安価で安全な水が得られているため気がつかないが、安定した水の確保はつい最近まで死活問題であった。穢れなき水を得るためには、健康な森林が必要であり、枯れることなく水を供給する森や山が信仰の対象になったことは周辺を歩いていて実感することができた。

(二) 海と森の文化の融合、生態系のつながりについて

「キフネ」の漢字での表記にはいくつかあるようであるが、現在は「貴船」が公式な表記となっているようである。なぜ、山の中なのに「船」なのか。それは「玉衣姫の船は淀川を遡り、鴨川を遡り、さらに貴船川へと進み、奥宮の地の水が湧き出るところに船を止められ、そこに社殿を創

玉依姫が乗船したと伝えられる黄船を石組みにした船形石（貴船神社奥の院）

建した」のが「貴船」の由来のようである。また、奥宮には実際に船形石も存在している。このことから、海の民がたどり着いた土地のように思える。また、竜神信仰が残っている点でも、海の民の影響がみられる。

しかしながら、宮司は日本は植林の文化の国であると言う。この土地では長い年月の間に、海と山・森の文化が融合したのであろうか。それとも、両方の文化はかなり近いものであったのだろうか。

最近まで農家は農業のこと、林業家は森のこと、漁民は海や魚のことばかり考えていた。森と海とは実は繋がっており、豊かな海に健全な森は欠かせないという考えが広まってきたのは、つい最近のことである。古代日本人はそのことを体験的に知っていたのだろうか。

宮司の説く「日本は植林の文化」の言葉から、いろいろなことが想像でき、とても示唆に富んだ言葉に感ずる。宮司の言葉に限らず、信楽香仁貫主の話も、早稲田環境塾で上手に翻訳し、体系づけていければと感ずる。

宗教性とエコロジーの関連を示唆する鞍馬寺・放生池

あとがき

〈文化としての「環境日本学」〉の創成と実践をめざす早稲田環境塾は、地域でのフィールド調査を裏付けとし、社会の規範を変える手がかりをつかむため、二〇〇九年から京都の聖域へ三度合宿した。

比叡山延暦寺に合宿し、鞍馬寺に信楽香仁貫主を、貴船神社に高井和大宮司、法然院に梶田真章貫主を訪ねた。下鴨神社では嵯峨井建禰宜（京都大学講師）に、妙法院では菅原信海門主（早稲田大学名誉教授）に、討論を重ねた。早稲田環境塾講師、国際仏教婦人会役員、丸山弘子氏にはインドラ網と京都の歴史について京都で講義、解説をお願いした。また東京上野寛永寺圓殊院住職、杉谷義純大正大学理事長には、第四期塾「神仏の概念（宗教）とエコロジー（科学）の関連を歴史のフィールドから探求する」で本覚思想について講演していただいた。

京都合宿の目的は日本文化の基層を成す神道と仏教、神仏習合の思想と感性によって培われてきた科学性と宗教性の均衡状態を、京都の歴史の営みに学び、文化の表現である現代の自然保護、行政制度、環境法思想への継承の現場を見出すことが出来るのではないか、との仮説を検証することにある。

そのような観点から四大公害事件をはじめとする激烈な産業公害、自然破壊を経て、豊かで便利な暮らしが原因の生活型公害、それらが複合して、国境を越える地球規模の環境破壊に拡大していく構造を分析、統合すると、そこには共通した同質性が見出される。

それは環境を破壊した政治、行政、経済活動の主体である個人の、認識はすれども「覚悟の欠如」である。それが原因の社会性の稀薄さ、やましき沈黙とでもいうべき閉塞的な精神状況である。いつの間に、どうしてこのような状況に陥ってしまったのだろうか。あるいはそれが日本人とその社会に支配的な属性なのだろうか。

環境破壊をもたらした、この閉塞的な精神状況を打開することが出来る共通認識、感性を私たちは文化の基層に培い、過去のおそらくは一九五〇年代後半に始まる高度経済成長期以前に社会規範、生活の作法として機能させていなかったのだろうか。

早稲田環境塾が一期のプログラムから「京都合宿」を組んだのは、ジャーナリズム、大企業、大学、市民組織、行政の五セクターから参加する毎期約五〇名の塾生が、このような仮説が具体的に表現されていると思われる現場にどう反応するかを確かめ、それぞれの持ち場で理念の実践にむかう手がかりを見出すためである。それらの反応の一端は塾生のレポートに示されている。

早稲田環境塾が京都へ向かうのは、人間と環境、自然との関係を考察するのに際し、先に「宗教ありき」の演繹的な仮説に拠るものではない。

一九六二年以来、筆者が国内外の環境、自然破壊と修復努力の現場を、ジャーナリストとして取材した経験に基づく「気づき」によるところが大きい。環境問題と宗教性の関連への問題意識が、取材現場から事実の裏付け、社会の動態に伴われ、帰納法的に形づくられてきたのである。

一九九二年、リオデジャネイロ（ブラジル）で開催された第二回地球サミット（国連環境開発会議）の準備取材を進めている時、筆者は多くの科学者が加わる世界最大規模の自然保護市民組織、スイスのグランに本部を置く「世界自然保護基金」（ＷＷＦ）が、欧米での自然保護キャンペーンに「仏教聖典に基づく環境教育資料」を用いていることを知った（上図）。なぜこのような図を、しかもキリスト教国家群である欧米での自然保護教育に用いるのか。理由は次のように記されていた。

――世界の多くの文化、信仰、倫理的伝統は、人々が自然界に対し基本的にどう立ち向かい、どう行動するかを教えてくれる。これらの価値観は、余りにも深く人々の心にしみ込んでいるため、その重要性が見過ごされることも多い。そのため国際的な資金提供機関ばかりではなく、国の研究プロジェクトも、倫理的規範、文化、宗教が、自然に対する人間の態度をどのように規定するのかについての系統立った研究に資金を提供すべきである。（中略）

　世界中の文化的、倫理的、宗教的伝統から知恵を得るべきであり、また環境と開発に関する倫理、宗教、社会科学、人文科学、芸術、そして情報伝達の専門家たちの、国レベルの連合あるいはグループと連携を取るとよいだろう。

（世界資源研究所、国際自然保護連合、国連環境計画編『生物の多様性保全戦略――地球の豊かな生命を未来につなげる行動指針』中央法規、一九九三年。前頁図も同書より）

「世界の多くの文化、信仰、倫理的伝統は、人々が自然界に対し基本的にどう立ち向かい、どう行動するかを教えてくれる。」との指摘に、国内外の産業公害と自然破壊の現場を歩いてきた筆者には思いあたることがあった。文化、信仰の伝統を受け継いでいる土地では、例えば、静岡県沼津市でのコンビナート建設反対運動や神奈川県鎌倉市民の八幡山開発阻止運動のように、住民の意思が確実に公害、自然破壊の波を押し返していることを実感していたからだ。

前頁の図は自然の生態系（ecosystem）を描いたものである。しかし中央に仏陀を配したことで、自然を対象とし、生物と環境のかかわりを分析、総合する科学としての「生態学」（ecology）の考え方とは決定的に異なる。リオサミットに備え筆者は熱帯雨林の取材をしていたが、その時まで筆者が理解していた生態系の概念は、例えばT・C・ホイットモアによって紹介された「共存の様式」と題された縦軸に空間（樹高）、横軸に時間（昼、夜）を記した図（上）に基づいている。当時筆者の取材フィールドであったマレーシア・サバ州の低地熱帯雨林における「非飛行性哺乳動物の空間的・時間的な棲み分け」が「共存の様式」であると説明されている。

――これほど多くの動物が、同じ森のなかで、どのようにして共存しているのであろうか。熱帯の多くの場所で、この点の研究がなされてきた。動物たちは特殊化することで、共存しているのである。多雨林は丈が高く、多様な三次元の住空間と様々な食糧を提供している。

動物は昼間活動するものと夜活動するものとがある。また多くの種は林冠の中の、ある決まった層で生活している。ボルネオの多雨林に棲む哺乳類の例だが、そうした特殊化が鮮明にあらわれている。動物たちは時間的、空間的に個別のニッチ（niche 個々の生物が自然界に占める生態的地位）を発達させている。

（T・C・ホイットモア『〈熱帯雨林〉総論』築地書館、一九九三年。前頁図も同書より）

当時、サバ州の熱帯雨林は輸出先のほとんどを日本とする森林乱伐によって壊滅状態にあった。近代経済学の理論によれば、資源の最適利用、社会厚生の最大化をはかるはずの国際木材貿易が、サバ州熱帯雨林の生態系と文化とを完膚なきまでに破壊し、住民を混乱させ地域を困窮に陥れていたのである。森林は経済財を産するだけではなく、古今、スピリチュアルな場とされてきた。

「共存の様式」図で生物と環境の相互関係、すなわち生態系を対象として分析し、総合しているのは自然を観察する科学者の目である。この場合、人間である観察者は生態系の外側から、距離を保って対象である自然の生態を客観的に分析している。ヒトは文化的、文明的生物、すなわち「人間」なるが故に、自然の生態系に連なることなく、その連鎖の外側で自然の支配力を脱し、自然を分析、支配して文明的な生活を営む特別な生物である、との視点が明示されている。

「共存の様式」を生態系の構図として理解していた筆者にとって、ＷＷＦが示す生態系図は「山川草木悉有仏性」のよく知られている日本仏教の教えを思い起こさせた。

ヒトもまた生態系の連鎖に連なる存在である。「共存の様式」に示されたエコロジーの科学と、ＷＷＦの「仏教聖典に基づく環境教育資料」に示されている「生態系」の、科学と同時に倫理規範をも合わせ求める文化としての宗教性とが並行して機能し、個人から企業、政治、行政を律する規範を形づくることが、産業技術文明下で、環境共生型社会を創造する動力源の両輪たらざるをえないであろう。森林の乱伐によって、荒廃していくカリマンタン（ボルネオ）島マハカム河畔の集落を取材するにつけ、筆者にはそう思われてきた。

リオの地球サミットとその後のレビュー会議に注目していた米国「ハーバード大学世界宗教研究所」（一九五八年創設）は、一九九七年から二〇〇〇年にかけ一〇回にわたってハーバード大学に世界一〇大宗教の研究者を招いて「宗教とエコロジー」シンポジウムを開催した。一九九七年から九八年にかけて、「仏教とエコロジー」「儒教とエコロジー」「神道とエコロジー」のシンポジウムが催された。一連の会議は、リオ地球サミットが提起した「持続可能な社会発展」へのキーワードを「希望」と判断していた。

自然環境と調和した持続可能な社会への個人・社会・国家の「行動原則」をどこに求めたらよいのか。仏教聖典に基づく教育資料がそのことを我々自身に問いかけ、その「解」の在りかを示唆しているように思える。

文化としての社会規範を再認識し、環境と共存できる社会への行動原則としていく拠りどころを、他から強いられることなく、内発、自発的に見出し、気づき、共有することが日本人としての私たちにできないだろうか。小書がそのささやかな手掛りになることを願っている。

小書は早稲田環境学研究所早稲田環境塾研究会叢書として発刊された。前身の早稲田環境塾叢書第一冊『高畠学』（二〇一一年）と併せ、出版にひと方ならず尽力された藤原書店の藤原良雄社長と編集部の刈屋琢氏に感謝している。

二〇一三年三月

原　剛

〈謝辞〉早稲田環境塾の活動はＪＲ東日本、Ｊパワー、上廣倫理財団、内外切抜通信社の支援をいただいております。特記して感謝します。

早稲田環境塾とは

1. 早稲田環境塾は日本の地域、地球の明日を思い、持続する社会に現状を変革するために「行動するキーパーソン」の養成を志す。

2. 早稲田環境塾は環境破壊と再生の、この半世紀の日本産業社会の体験に基づき、「過去の“進歩”を導いた諸理念をも超える革新的再興」を期し、日本文化の伝統を礎に、近代化との整合をはかり、社会の持続可能な発展をめざす「環境日本学」（Environmental Japanology）の創成を志す。

 この概念をもって、真の公害先進国としての体験、力量を有する日本人及び日本社会の自己確認（identity）を試み、日本の経験と成果を世界に発信するとともに、持続可能な国際社会への貢献を目指す。

3. 早稲田環境塾はその目的を遂げるために次の手段を用い、それら相互間の実践的触媒となることを目指す。
   (1) 環境問題に現場で取り組み、成果を挙げるために市民、企業、自治体、大学との協働の場を設定
   (2) その過程、成果を広く世間に伝え、国民・市民意識を改革するメディアの擁護（advocacy）、課題設定（agenda setting）及びキャンペーン報道への協働
   (3) アカデミアによる1、2の体系化、理論の場の創造

4. 早稲田環境塾は、「環境」を自然、人間、文化の三要素の統合体として認識し、環境と調和した社会発展の原型を地域社会から探求する。あごをひいて、暮らしの足元を直視し、現場を踏み、実践に学ぶ。地域社会は住民、自治体、企業から成る。地域からの協働により、気候変動枠組み条約をはじめ、さ迷える国際環境レジームに実践の魂を入れよう。

執筆者紹介（掲載順）

原 剛（はら・たけし）
→編者紹介参照

丸山弘子（まるやま・ひろこ）
1957年東京都生まれ。早稲田大学大学院修了。イオン環境財団主催の日中韓学生交流環境フォーラムの講師を務める。京都検定1級取得。

杉谷義純（すぎたに・ぎじゅん）
1942年東京都生まれ。慶應義塾大学卒業。大正大学大学院博士課程修了。比叡山宗教サミット事務局長、天台宗宗務総長、世界宗教者平和会議（WCRP）日本委員会事務総長などを歴任。著書に『比叡山と天台のこころ』(春秋社）など。

菅原信海（すがわら・しんかい）
1925年栃木県日光市生まれ。早稲田大学東洋哲学専修卒業。早稲田大学名誉教授。文学博士。天台宗勧学大僧正。京都古文化保存協会理事長。著書に『山王神道の研究』（春秋社）、『神仏習合思想の展開』（汲古書院）、『神仏習合思想の研究』（春秋社）など多数。

信楽香仁（しがらき・こうにん）
1924年生まれ。信楽真純（香雲）鞍馬弘教初代管長を継いで1974年管長・鞍馬寺貫主に。同年鞍馬山開創1200年祈念大祭を行った。「尊天の思想に深く共鳴していただける方とお会いしたい」と語る。

梶田真章（かじた・しんしょう）
1956年生まれ。大阪外国語大学ドイツ語科卒業。法然院執事を経て1984年法然院31代貫主に。1993年、寺の門前に開設した共《とも》生《い》き堂「法然院森のセンター」は自然観察、森づくり、エコツアーなどの拠点になっている。

嵯峨井 建（さがい・たつる）
1948年石川県生まれ。京都大学講師。著書に『日吉大社と山王権現』（人文書院）、『満洲の神社興亡史――“日本人の行くところ神社あり”』（芙蓉書房出版）、『神仏習合の歴史と儀礼空間』（思文閣出版）など多数。

高井和大（たかい・かずひろ）
1942年生まれ。國學院大学卒業。神社界の機関紙『神社新報』記者、編集長を経て、平成4年京都の貴船神社宮司に。「第3回世界水フォーラム」（平成15年、京都）で「水を神と崇める日本人の心」と題して講演。「水を守る」ひとりひとりの心の改革を、と呼びかけた。

吉川成美（よしかわ・なるみ）
1969年生まれ。博士（農業経済学）、早稲田大学早稲田環境学研究所講師。西安交通大学公共政策・管理学院講師、早稲田環境塾プログラムオフィサーを務める。

緒方正人（おがた・まさと）
1953年芦北郡女島生まれ。59年、父が発病し、急性劇症型で死去。この頃自身も発症。87年、単独でチッソ前に座り込みを始める。95年、「本願の会」を発足。著書『水俣病私史・常世の舟を漕ぎて』（世織書房）など。

石牟礼道子（いしむれ・みちこ）
1927年熊本県天草郡生まれ。作家、詩人。主著『苦海浄土』は、文明の病としての水俣病を鎮魂の文学として描き出す。『石牟礼道子全集　不知火』（全17巻・別巻1）が2004年4月から藤原書店より刊行中（本巻完結）。他に『石牟礼道子・詩文コレクション』（全7巻、2009～10年、藤原書店）などがある。

嶋田文恵（しまだ・ふみえ）
早稲田環境塾塾生。編集者を経て農業。

草野 洋（くさの・ひろし）
早稲田環境塾塾生。国家公務員を経て会社役員。

竹内克之（たけうち・かつゆき）
早稲田環境塾塾生。会社員。

編者代表

原　剛（はら・たけし）

1938年生まれ。早稲田環境塾塾長、早稲田大学名誉教授、同国際部参与、毎日新聞客員編集委員。農業経済学博士。
1993年に国連グローバル500・環境報道賞を受賞。著書に『日本の農業』（岩波書店）、『農から環境を考える』（集英社）、『バイカル湖物語』（東京農大出版部）、『中国は持続可能な社会か』（同友館）、『環境が農を鍛える』（早稲田大学出版部）など多数。中央環境審議会委員、総理府21地球環境懇談会委員、東京都環境審議会委員、東京都環境科学研究所外部評価委員会委員長、立川市・小金井市環境審議会会長。農政審議会委員、全国環境保全型農業推進会議委員、日本環境ジャーナリストの会会長などを歴任。日本自然保護協会参与、日本野鳥の会評議員、トヨタ自動車白川郷自然学校理事。

京都環境学《きょうとかんきょうがく》——宗教性《しゅうきょうせい》とエコロジー
叢書〈文化《ぶんか》としての「環境日本学《かんきょうにほんがく》」〉

2013年3月30日　初版第1刷発行

編　者　原　剛
発行者　藤原良雄
発行所　株式会社　藤原書店

〒162-0041　東京都新宿区早稲田鶴巻町523
電　話　03（5272）0301
FAX　03（5272）0450
振　替　00160-4-17013
info@fujiwara-shoten.co.jp

印刷・製本　音羽印刷

Printed in Japan
ISBN978-4-89434-908-7

「農」からの地域自治

叢書〈文化としての「環境日本学」〉

高畠学

早稲田環境塾（代表・原剛）編

「無農薬有機農法」実践のキーパーソン、星寛治を中心として、四半世紀にわたって、既成の農業観を根本的に問い直し、真に共生を実現する農のかたちを創造してきた山形県高畠町。現地の当事者と、そこを訪れた「早稲田環境塾」塾生のレポートから、その実践の根底にある「思想」、その「現場」、そしてその「可能性」を描く。

カラー口絵八頁

A５並製　二八八頁　二五〇〇円
（二〇一一年五月刊）
◇978-4-89434-802-8

エントロピー学会二十年の成果

循環型社会を創る
〈技術・経済・政策の展望〉

エントロピー学会編

責任編集＝白鳥紀一・丸山真人

〝エントロピー〟と〝物質循環〟を基軸に社会再編を構想。

染野憲治／辻芳徳／熊本一規／川島和義／筆宝康之／上野潔／菅野芳秀／桑垣豊／秋葉哲／須藤正親／井野博満／松崎早苗／中村秀次／原田幸明／松本有一／森野栄一／篠原孝／丸山真人

菊変並製　二八八頁　二四〇〇円
（二〇〇三年二月刊）
◇978-4-89434-324-5

フィールドワークから活写する

アジアの内発的発展

西川潤編

長年アジアの開発と経済を問い続けてきた編者らが、鶴見和子の内発的発展論を踏まえ、今アジアの各地で取り組まれている「経済成長から人間開発型発展へ」の挑戦の現場を、宗教・文化・教育・ＮＧＯ・地域などの多様な切り口でフィールドワークする画期的初成果。

四六上製　三二八頁　二五〇〇円
（二〇〇一年四月刊）
◇978-4-89434-228-6

東アジアの農業に未来はあるか

グローバリゼーション下の東アジアの農業と農村
〈日・中・韓・台の比較〉

原剛・早稲田大学台湾研究所編

西川潤／黒川宣之／任燿廷／洪振義／金鍾杰／朴珍道／章政／佐方靖浩／向虎／劉鶴烈

ＷＴＯ、ＦＴＡなど国際的市場原理によって危機にさらされる東アジアの農業と農村。日・中・韓・台の農業問題の第一人者が一堂に会し、徹底討議した共同研究の最新成果！

四六上製　三七六頁　三三〇〇円
（二〇〇八年三月刊）
◇978-4-89434-617-8

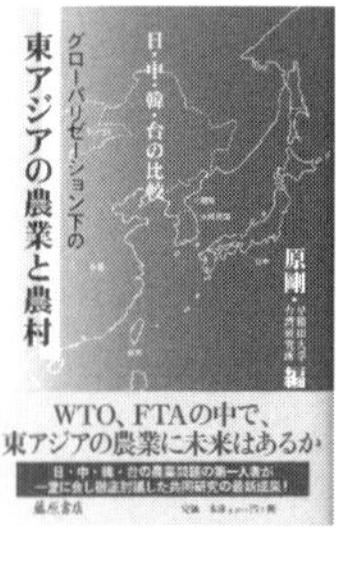